普通高等教育"十三五"规划教材

电子封装技术实验

主　编　王善林　陈玉华
副主编　毛育青　尹立孟　谢吉林

U0341800

北　京
冶金工业出版社
2019

内 容 提 要

本书是适应新时期电子封装技术专业本科教学对实验教材的需求而编写的，旨在促进学生对专业理论知识的深化理解、培养学生的动手能力和实验技能、提高学生的实验设计思维和激发学生的创新意识，主要内容包含电子封装学科基础实验、电子封装工艺实验、电子封装结构设计实验、电子封装可靠性实验、电子微连接技术实验以及微电子工艺实验。

本书理论结合实际，实用性强，可作为电子封装技术、焊接技术与工程（微连接）、微电子科学与工程等本科专业或微电子制造技术等高职专业实验课程的教材，也可供有关企业工程技术人员参考。

图书在版编目（CIP）数据

电子封装技术实验/王善林，陈玉华主编. —北京：冶金工业出版社，2019.12

普通高等教育"十三五"规划教材

ISBN 978-7-5024-8220-6

Ⅰ.①电…　Ⅱ.①王…　②陈…　Ⅲ.①电子技术—封装工艺—实验—高等学校—教材　Ⅳ.①TN05-33

中国版本图书馆 CIP 数据核字（2020）第 003540 号

出　版　人　陈玉千
地　　　址　北京市东城区嵩祝院北巷 39 号　邮编　100009　电话　(010)64027926
网　　　址　www.cnmip.com.cn　电子信箱　yjcbs@cnmip.com.cn
责任编辑　杨　敏　美术编辑　彭子赫　版式设计　禹　蕊
责任校对　卿文春　责任印制　李玉山
ISBN 978-7-5024-8220-6
冶金工业出版社出版发行；各地新华书店经销；三河市双峰印刷装订有限公司印刷
2019 年 12 月第 1 版，2019 年 12 月第 1 次印刷
787mm×1092mm　1/16；10.75 印张；262 千字；166 页
32.00 元

冶金工业出版社　投稿电话　(010)64027932　投稿信箱　tougao@cnmip.com.cn
冶金工业出版社营销中心　电话　(010)64044283　传真　(010)64027893
冶金工业出版社天猫旗舰店　yjgycbs.tmall.com
（本书如有印装质量问题，本社营销中心负责退换）

前　言

电子封装是基础制造技术，已广泛应用于航空航天、汽车、通信、计算机、医疗、家用电器等行业，这些工业产品的控制部件均由微电子元件、光电子元件、射频与无线元件及 MEMS 等通过电子封装技术与存储、电源及显示器件相结合进行制造。同时，电子封装也是一门新兴的交叉学科，涉及设计、环境、测试、材料、制造和可靠性等多学科领域。我国现在由电子制造大国向电子制造强国转变，需要更多创新型、国际化的专业人才，电子封装技术专业必将为我国电子信息产业的发展做出重要贡献。

电子封装技术教育已经获得国家及相关部委的重视，2007 年工信部及教育部设置了"电子封装技术"目录外专业。目前已经有哈尔滨工业大学、北京理工大学、华中科技大学、西安电子科技大学、桂林电子科技大学、厦门理工学院、江苏科技大学和南昌航空大学等近 40 余所高等院校开设了独立的电子封装技术专业，或开展了电子封装技术的教育与科研工作。教材匮乏、不系统是目前电子封装技术专业本科教学所面临的问题。电子封装是一门实践性很强的学科，实践和实验教学在人才培养中起着举足轻重的作用，通过实验课程可以促进学生对理论知识的深化理解，培养学生的动手能力和实验技能，提高学生的实验设计思维和激发学生的创新意识。因此，编写一本适应电子封装技术专业人才培养需要的实验教材非常有必要。在此背景下，结合多年教学经验和教学需求，我们编写了本书。

本书主要从微电子制造工艺、微连接原理、电子封装工艺、微电子结构设计、电子封装可靠性，以及电子微连接技术等方面设计实验，注重理论与实际操作，强化实验原理的介绍，努力使学生在掌握实验技能的同时，通过实验进一步加深对基本理论的理解。

本书由南昌航空大学焊接工程系王善林副教授和陈玉华教授担任主编，南昌航空大学毛育青、谢吉林及重庆科技学院尹立孟教授担任副主编。王善林负责编写绪论、第 1 章电子封装学科基础实验，陈玉华负责编写第 5 章电子微连接技术实验，毛育青负责编写第 2 章电子封装工艺实验、第 3 章电子封装结构设计实验和第 6 章微电子工艺实验，谢吉林负责编写第 4 章电子封装可靠性实验，尹立孟参与了部分章节的编写，吴集思、陈宜、殷祚炫等参与了相关资料的收集及整理。全书由王善林统稿，尹立孟校稿。

在本书编写过程中，参考了有关文献，在此向文献作者表示感谢。

由于编者水平所限及时间紧迫，书中难免有疏漏和不当之处，敬请广大读者批评指正。

编　者

2019 年 4 月

目　　录

绪　　论

一、我国电子信息产业的发展概述

电子信息产业分为电子信息制造业、软件与信息技术服务业。电子信息制造业是研制和生产电子设备及各种电子元件、器件、仪器、仪表的工业，主要由广播电视设备、通信导航设备、雷达设备、电子计算机、电子元器件、电子仪器仪表和其他电子专用设备等生产行业组成。

目前，中国拥有全球最大规模的电子信息制造业，数据分析表明，全球70%的智能手机，80%的电脑、50%以上的数字电视都是中国制造的。工信部数据显示，2017年中国规模以上电子信息制造业产值接近14万亿元；手机、微型计算机、网络通信设备、彩电等主要产品产量居全球首位。作为国民经济先导性产业，我国电子信息产业的销售收入已达全球第一，但是2017年规模以上电子信息制造业利润总额只有7000多亿元，行业平均利润率只有5.4%；具有核心知识产权竞争力的零部件主要依靠进口，高额利润被国外上游企业攫取。全球规模的电子信息制造依然是以整机组装为主，处于国际分工的下游，产品附加值低，与美、欧发达国家相比竞争力仍然偏低。

随着电子制造技术的飞速发展，电子器件小型化、高密度化，以及组装质量越来越高的要求，对电子封装技术及封装人才的需求越来越大。据《2016-2017中国集成电路产业人才白皮书》估计，国内IC产业人才数约40万，未来3年需求72万，缺口32万，封装测试产业目前从业人数约14万。现在高校封装专业或封装方向培养的2000人/年的规模远远不能满足产业的需求。国内电子封装技术教育资源如表1所示。

我国电子信息产业的发展存在诸多问题：（1）自主创新能力较弱。当前我国的电子信息企业缺乏创新意识，自主创新能力较弱，具有自主知识产权的产品较少，特别是缺少自主知识产权的核心技术专利，导致对国外关键技术的依赖，使我国电子信息企业在国际竞争中处于不利地位。（2）产业结构。当前电子信息产业虽然增长迅速，但仍然没有达到结构的升级。（3）环境资源。电子信息产品假冒伪劣现象严重，突出表现在软件方面。部分企业为了谋取更高的经济利益，贩卖盗版商品，侵犯其他企业的知识产权。（4）人力资源缺乏。电子信息产业是一种高科技产业，当前全球电子信息产业飞速发展，国际国内竞争异常激烈，这种竞争归根结底是人才的竞争。我国信息人才的培养起步较晚，信息人才尤其是高级信息人才的供给在短时间内和需求相比存在很大缺口，高端技术专家和复合型人才更加缺乏，在高新技术研究开发领域还存在很大的空白。我国电子信息产业中多数企业规模过小，不能为人才提供一个充分展示自我的空间平台，导致人才流向了发达国家或外资企业。

2019年全国电子信息行业工作座谈会上明确了当前电子信息产业的基本形势，对今后的发展做出了明确部署：一是落实创新驱动战略，补齐核心技术短板。支持创新中心建设，加强关键共性技术攻关。积极推进创新成果的商品化、产业化，推动知识产权成果标准化。二是抓好关键环节建设，构建完善产业链条。加强产业链上下游联动，强化基础产品、整机和服务之间的能力配套，构建具有全球竞争优势的产业生态体系。三是拓展新兴领域应用，提升应用广度深度。围绕人民群众日益多样化、个性化、高端化的信息消费需求，大力提升新兴领域供给水平，做到种类丰富、功能先进、质量优良。四是提升先进制造水平，转变产业发展方式。以加快实现质量变革、效率变革、动力变革为目标，提升行业智能制造、绿色制造、服务型制造的制造水平，提升要素投入质量、产品供给质量、产业发展质量。五是开拓国际合作渠道，深化对外开放合作。更加坚定开放发展的信心，鼓励企业着力强化全球产业链拓展、价值链增值、创新链整合，以高水平开放合作推动产业高质量发展。六是打造高端交流平台，凝聚行业发展合力。积极调动国内外资源，发挥各地方的主动性、积极性，联合打造一批高质量的行业交流平台，碰撞思想、激发创造。

随着云计算、大数据、物联网、移动互联网、人工智能等新一代信息技术快速演进，硬件、软件、服务等核心技术体系加速重构，正在引发电子信息产业新一轮变革。单点技术和单一产品的创新正加速向多技术融合互动的系统化、集成化创新转变，创新周期大幅缩短。信息技术与制造、材料、能源、生物等技术的交叉渗透日益深化，智能控制、智能材料、生物芯片等交叉融合创新方兴未艾，工业互联网、能源互联网等新业态加速突破，大规模个性化定制、网络化协同制造、共享经济等信息经济新模式快速涌现。互联网不断激发技术与商业模式创新的活力，开启以迭代创新、大众创新、微创新为突出特征的创新时代。

表 1　国内电子封装技术教育资源

单位	教育与研究内容
哈尔滨工业大学	电子封装技术本科专业（80 人/年） 　　新概念微互连材料及新型键合技术、三维封装立体互连技术、先进电子封装工艺及可靠性、高功率密度 SiC 器件封装理论与制造技术、大功率 LED 封装技术、MEMS 封装及微系统集成微连接界面物质迁移行为、性能退化规律及失效机理（锡须、电迁移）、三维跨尺度连接结构力学行为及可靠性。功能纳米材料的可控合成、连接与组装，功能纳米结构的制备，改性、连接、集成等纳米制造新方法与新工艺，分子组装及化学纳米印刷技术，3D 打印纳米制造，功能纳米结构及器件开发、制备和性能表征及应用
华中科技大学	电子封装技术本科专业（50 人/年） 　　倒装芯片在 MEMS 封装中的应用、柔性化电子封装、无铅凸点互连电迁移研究、RFID 标签制造工艺与设备、焊膏制造及检测技术、各向异性导电胶；面阵列封装可靠性研究、无铅互连界面问题研究、封装变形实验研究；锡须生长抑制研究
北京理工大学	电子封装技术本科专业（30 人/年） 　　先进电子封装与组装技术、高性能电子封装材料与环保电子辅料的研制、封装材料性能测试与失效分析
桂林电子科技大学	微电子制造工程本科专业（50 人/年） 　　无铅压电、微波陶瓷、无铅 NTC 热敏厚膜、无铅高居里点 PTC 热敏陶瓷、有机电致发光器件、薄膜晶体管、多铁性陶瓷与薄膜等电子信息材料与器件的制备。微电子研究室：封装结构优化设计、高密度组装及整机互连、大功率 LED 封装及系统可靠性、SMT 产品封装参数 CAD 与仿真技术、SMT 产品焊点可靠性技术、SMT 产品智能检测技术、电子整机互联技术研究

单位	教育与研究内容
上海交通大学	微电子制造本科专业（43人/年） 微电子互连材料、三维封装材料、纳米电子材料、电子材料可靠性。电子封技术：TSV 铜互连材料与技术、引线框架材料及可靠性高密度低温固态键合技术、表面纳米阵列材料、无铅焊料及可靠性
西安电子科技大学	电子封装技术本科专业（40人/年） 微小结构设计：单裸芯片或多裸芯片集成电路通过基板技术封装为模块化物理结构的设计、解决封装电路与裸芯片电路的传输特性匹配、电磁兼容性热传输信号、温度、应力及可靠性等机电参数耦合的设计问题、保证产品性能可靠性、加工效率和质量；制造工艺；实现基板制造技术、封装单元之间的电气连接与机械固定、相关自动化生产线及其专用设备的研发
江苏科技大学	电子封装技术本科专业 电子封装技术显微分析、无损评价、电子封装 SMT 无铅材料及其相应助焊剂和焊锡膏、电子封装无铅材料力学性能及无钻 SMT 接点的震动及热循环可靠性
厦门理工学院	电子封装技术专业 光电元件封装和无铅焊接技术，LED 封装材料制备、表征及测试，半导体器件的封装设计和仿真
上海大学	光电封装技术 高密度封装技术的应用基础研究、新型封装材料和键合技术、器件封装失效与可靠性分析、无铅焊料、微纳技术封装、集成与可靠性、3D 电子互联与散热技术、白光 OLED、柔性 OLED 器件和薄膜封装、柔性显示制造技术
复旦大学	封装可靠性评估及失效分析 微电子研究院：围绕 SOC 有集成电路设计、集成电路计算机辅助设计、集成电路工艺和相关技术等；选进集成电路工艺、新型集成电路器件制备、纳米互连工艺中新材料、新结构、新工艺研究，微电子器件及互连的建模与模拟微电子器件接触技术、系统芯片（SOC）平台技术研究；先进铜连接技术； 复旦大学材料系：电子封装材料、工艺与可靠性研究、聚合物复合材料制备与性能、无铅焊料性能和焊接可靠性、氯化铝电路基板、100mm 节电无铅焊料倒装芯片互连和底部填充工艺、多种封装元器件的失效分析与可靠性封装器件中的应力、分层断裂、疲劳的计算模拟等研究
北京大学	集成微系统设计加工与封装 微米/纳米加工技术国家级重点实验室：ULSI 新器件及集成技术、系统集成芯片（SOC）设计及其设计方法学，微电子机械系统（MEMS）技术
清华大学	微电子及微系统封装 电子封装技术的设计、工艺、材料、可靠性、失效分析等，如叠层芯片技术、系统级封装 MEMS 封装、高性能器件与系统封装等
哈尔滨理工大学	绿色电子封装材料及互联可靠性研究，主要从事无铅钎料设计、微焊点界面特征及焊点的可靠性分析；先进电子连接材料的研究：微连接焊点的界面及热力学分析、电子封装可靠性评估与寿命分析
北京科技大学	电子封装连接技术可靠性及材料
南昌航空大学	电子封装技术本科专业 丝球键合技术、微连接技术、电子封装复合材料
大连理工大学	硅片磨抛技术无铅焊料、电子封装材料与技术、材料服役可靠性、失效分析、电子封装环境友好材料及无铅化技术、微电子封装用无铅钎料性能与液态结构、微电子封装连接可靠性测试与分析、系统级封装埋入技术
南通大学	集成电路多芯片封装技术、高频集成电路设计、测试与封装、系统级封装集成电路设计
华南理工大学	无铅化电子封装、先进微电子封装材料与工艺、微电子器件与封装的失效分析和可靠性微/纳电子制造技术

单位	教育与研究内容
北华航天工业学院	SMT 技术、SMT 工艺及设备、电子装配技术与工艺、电装工艺、微组装技术
重庆工学院	材料连接技术与自动化、电子材料
中南大学	电子封装设备、电子封装工艺、微电子封装工艺与装备、光电子制造工艺与装置、热超声引线键合/倒装键合机理与技术
成都电子科技大学	微电子技术和电子科学与技术 超大规模集成电路设计自动化、智能功率器件和功率集成电路的设计、工艺封装和测试、电子材料与元器件分析表征、元器件失效分析技术等可靠性技术研究、新型功率半导体器件与集成电路、微电子器件和 IC 封装失效机理与预防对策
北京工业大学	绿色电子连接材料及辅助材料研究、电子封装技术方向专业模块 微电子组装材料与辅料及其制备技术、绿色连接材料；先进电子封装技术与可靠性
厦门大学	无铅焊接材料的设计与制备、电子封装材料无铅焊料
广东工业大学	微电子封装技术、封装工艺技术、检测技术 微电子科学与工程本科专业电子材料与元器件优化、电子封装热管理技术
东南大学	MEMS 封装与可靠性 微电子机械系统（MEMS）制造、封装、生物、纳米制造和封装；集成电路（IC）系统集成封装技术、微电子系统先进封装材料
天津大学	微系统封装、高温功率电子封装
南京航空航天大学	表面贴装技术、微组装
北京航空航天大学	封装工艺与设备、高密度封装
江苏大学	微电子集成技术
中山大学	光电子集成器件与技术
武汉大学	封装可靠性、LED 封装、MEMS 封装以及第三代半导体功率封装等

二、新工科建设

新工科是对工科教育整体的改革创新。一方面要发展一批面向未来布局的新兴工科专业，另一方面，则是对现有的传统工科专业进行改造升级。新工科可归纳为"五个新"，即工程教育的新理念、学科专业的新结构、人才培养的新模式、教育教学的新质量、分类发展的新体系。

2017 年，《教育部办公厅关于推荐新工科研究与实践项目的通知》中明确指出，为应对新一轮科技革命和产业变革的挑战，主动服务国家创新驱动发展和"一带一路""中国制造 2025""互联网+"等重大倡议和战略实施，加快工程教育改革创新，开展新工科研究与实践探索，开展人才培养新模式的研究与探索。

我国工科专业在早年一直沿用前苏联的专业设定、教学内容和教学方法，专业划分较细、转专业限制较严，由于在本科阶段过早进行专业化学习，工程人才的学科领域往往较为单一。在工程教育过程中，重理论轻实践、重知识轻设计，脱离了工程的本质，脱离了工业界的要求，无法满足对工程人才的需求。随着国家产业结构的调整升级，在诸多传统产业去产能、去库存的大背景下，一些传统产业方向的工科学生就业形势严峻；另一方面，人工智能、大数据等产业迅速发展，人才需求十分迫切。为应对新形势下新经济的发展和第四次工业革命带来的挑战，为国家未来发展储备更多人才，"新工科"建设成为了一个必然选择。

强化实践教育是新工科人才培养模式改革的重要方向。实践教学是学校教学工作的重要组成部分，是深化课堂教学的重要环节，是学生获取、掌握知识的重要途径。《教育部等部门关于进一步加强高校实践育人工作的若干意见》中明确指出各高校要结合专业特点和人才培养要求，分类制定实践教学标准，增加实践教学比重，确保人文社会科学类本科专业不少于总学分（学时）的15%、理工农医类本科专业不少于25%。全面落实本科专业类教学质量国家标准对实践教学的基本要求，加强实践教学管理，提高实验、实习、实践和毕业设计质量。

1 电子封装学科基础实验

实验 1-1　钎料熔化温度测定实验

一、实验目的

(1) 掌握钎料熔化温度的测量方法。
(2) 了解差示扫描量热仪的使用方法。
(3) 了解钎料熔化、凝固曲线的特征参数。

二、实验装置及材料

(1) Sn3Ag0.5Cu。
(2) Sn63Pb37。
(3) 差示扫描量热仪。
(4) 分析天平。
(5) 试样皿。
(6) 保护气体。
(7) 镊子。
(8) 剪子。

三、实验原理

钎焊作为一种精密的连接技术，在航空航天、汽车、电子、仪器仪表、家电等军民工业中得到广泛的应用，在国民经济建设和社会发展中起着重要的作用。钎料作为钎焊过程的基础材料，钎料的性能指标直接影响着钎焊工艺实施及钎焊接头质量。钎料的熔化温度范围主要指钎料的固相线到液相线温度，对钎料的焊接温度极为重要，是钎料的必检参数之一。

差示扫描量热法（DSC）是在程序控制温度下，测量试样和参比物的功率差与温度关系的一种技术，其原理如图 1-1 所示。当试样在加热过程中由于热效应与参比物之间出现温度差时，通过差热放大电路和差动热量补偿放大器，使流入补偿电热丝的电流发生变化；当试样吸热时，补偿放大器使试样一边的电流立即增大；反之，当试样放热时则使参比物一边的电流增大，直到两边热量平衡，温度差消失为止。即：试样在热反应时发生的热量变化，由于及时输入电功率而得到补偿，所以实际记录的是试样和参比物下面两只热电补偿的热功率之差随时间 t 的变化关系。如果升温速率恒定，记录的是热功率之差随温

度 T 的变化关系。差示扫描量热仪记录的曲线称 DSC 曲线，它以样品吸热或放热的速率，即热流率 dH/dt（单位 mJ/s）为纵坐标，以温度 T 或时间 t 为横坐标，可以测量多种热力学和动力学参数，例如比热容、反应热、转变热、相图、反应速率、结晶速率、高聚物结晶度、样品纯度等。该法使用温度范围宽、分辨率高、试样用量少，适用于无机物、有机化合物及药物分析。

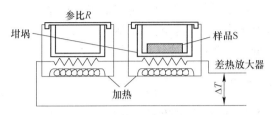

图 1-1　差示扫描量热法原理图

SJ/T 11390—2009 测定熔化温度范围的方法是将试样加热至完全熔化，通过熔化曲线来判断实验熔化温度范围。固相线为熔化峰值的反应起始温度，即基线与熔化峰左侧切线斜率最大点（熔化线的一阶微分 DDSC 曲线的极大值对应的点）的交点，如图 1-2 中标定的 T_c；液相线为熔化峰的峰值 T_p。

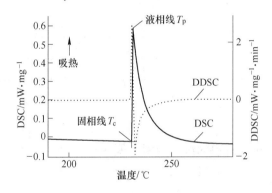

图 1-2　SJ/T 11390—2009 规定的固液相线测试方法

差示扫描量热法测量精度的主要影响因素有试样质量、升降温速度和保护气氛。通常，试样质量一般为 10~20mg；试样量少，分辨率高，但灵敏度低，峰值温度偏低；试样量多，分辨率低，但灵敏度高，峰值温度偏高。加热、冷却速度范围为 5~20℃/min。随加热速度增大，峰值温度偏高。使用的保护气体一般为惰性气体 N_2、Ar、He 等，主要防止加热试样的氧化，减少挥发物对仪器的腐蚀。

四、实验内容、方法及步骤

（1）开启 DSC 设备。

（2）用分析天平称取 15mg 左右的钎料。

（3）将称好的钎料装入试样皿中，并盖好。

（4）设置最高温度、加热速度、冷却速度、气流量。

（5）启动加热。

（6）等加热到最高温度后冷却回到室温后关闭 DSC 设备。

（7）分析 DSC 曲线，标定 T_c 和 T_p。

五、实验注意事项

（1）清洗钎料，让其不含油污、氧化膜等，以免影响测试结果。

（2）钎料不能过少，否则影响测试结果的准确性；也不能过多，以免损坏设备。

（3）加热速度不能过高或过低，以免影响结果的准确性。

（4）始终保持试样皿干净，否则影响测试结果。

（5）其流量不能过低，以免试样被氧化。

六、实验结果整理与分析

整理实验结果，填入表 1-1 中，分析表中的数据。

表 1-1　实验结果记录表

序号	钎料	加入速度	固相线温度 T_c	液相线温度 T_p	熔化温度区间 T_f
1					
2					
3					
4					
5					
6					

七、思考题

（1）钎焊过程中，影响钎料润湿的因素有哪些？

（2）试分析加热速度对钎焊接头质量的影响。

实验 1-2 钎料润湿性实验

一、实验目的

（1）熟悉钎料成分及钎剂选用对钎料润湿性的影响。

（2）熟悉常用的钎料和钎剂及其配制方法。

（3）了解通用的评定钎料润湿性的实验方法及过程。

二、实验装置及材料

（1）电热板（BGG-3.6-4 型）。

（2）箱式电阻炉。

（3）钎料：S-Sn63Pb73、S-Sn90Sb、S-Sn70Zn30、S-SnAgCu。

（4）钎剂：RJ（氯化锌 40mL，水 60mL）、RJ2（氯化锌 25mL，盐酸 25mL，水 50mL）、RJ3（正磷酸 60mL，水 40mL）、松香酒精溶液（松香 25mL，酒精 75mL）。

（5）紫铜板。

（6）不锈钢板。

（7）玻璃滴管。

（8）不锈钢镊子。

（9）塑料小勺。

（10）游标卡尺。

三、实验原理

润湿，通常是指固体表面的气体被液体所取代，或者固体表面的液体被另一种液体所取代的现象。在钎焊过程中，液态钎料在固体母材表面充分扩展和均匀扩散的过程，称为液态钎料对母材的润湿。钎料对母材润湿性的好坏是获得优质钎焊接头的关键因素，如果不能润湿母材，那么钎焊接头将无法形成。

钎料能否润湿母材，取决于它们分别处于液态和固态时有无相互作用：有相互作用则能润湿，如纯银能润湿铜；无相互作用，则不能润湿，如纯银不能润湿钢。对于原先彼此不能相互作用因而不能润湿的钎料和母材配合，若向钎料中额外添加某能与母材相互作用的组分，钎料即会变得能润湿母材。例如银基钎料所以能广泛用来钎焊钢，因为它已经不是纯银。

钎料对母材的润湿性虽然本质上取决于它们本身的成分，但还受钎焊时其他因素的影响。其中，严重妨碍润湿的因素是钎料和母材表面的氧化物。因此，必须借助于钎剂或其他去膜措施。选用的钎剂先必须具有除去母材表面氧化膜的能力。母材不同，表面氧化物不同，去除的难易也因之而异。只有针对母材的成分，选用不同的钎剂，才能发挥钎剂的作用。例如，锡铅钎料能润湿铜和钢等多种母材，但若不加松香或其他钎剂，熔融钎料仍不能在铜上铺展；可是为保证熔融钎料对低碳钢，特别是对不锈钢的润湿，便不能使用松香，却要选用具有相应去膜能力的其他钎剂。其次，所谓钎剂的活性问题，是该钎剂能够最有效地发挥它的去膜作用的温度区间。只有当所用钎剂的活性温度能覆盖钎料的钎焊温度时，钎剂才能及时地为钎料的铺展创造条件，促进钎料对母材的润湿。因此，软钎剂不能用于硬钎焊，硬钎剂也不能用于软钎焊。即使是同一钎剂，也不使用于熔点差别较大的不同钎料。

　　评定钎料对母材润湿性的通用实验方法是以一定体积的钎料，使其在合理的钎焊工艺条件下熔化铺展，测定钎料在冷凝后的接触角大小或铺展面积，分别以接触角值、接触角的余弦值或铺展面积值作为衡量润湿性好坏的尺度（见图1-3）。

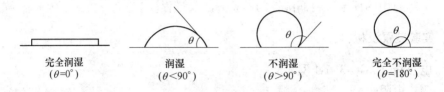

完全润湿　　　　　润湿　　　　　不润湿　　　　完全不润湿
（$\theta=0°$）　　　（$\theta<90°$）　　（$\theta>90°$）　　（$\theta=180°$）

图1-3　润湿角判断润湿程度

四、实验内容、方法及步骤

（1）将母材试片用砂纸打磨，去除氧化膜及油污。

（2）根据母材选用钎料，并将钎料剪切为1g重的小颗粒。

（3）根据母材和所选钎料，配制钎剂。

（4）接通电热板电源，启动开关，电热板温度保持在300℃左右。

（5）选用组合的母材、钎料、钎剂。

（6）用镊子将试板放到电热板上，将钎料放入试板中央，用滴管将钎剂滴到钎剂上。

（7）加热一段时间，待钎料熔化。

（8）待铺展稳定后，将试板从加热台取下，冷却。

（9）用水清洗钎剂。

（10）测定钎料的铺展面积。

五、实验注意事项

（1）一般注意事项：

1）实验前，确保母材清理干净。

2）减少钎料不被氧化、污染。

3）尽量做到给各试样的钎料、钎剂的量一样。

（2）实验中可能出现的事故：

1）钎焊过程中，被加热台和高温试样烫伤。

2）配制钎剂过程中，酸对身体造成伤害。

六、实验结果整理与分析

（1）整理实验结果，填入表1-2中。

表 1-2　实验结果记录表

序号	钎料	钎剂	加热方法	铺展面积	润湿情况
1					
2					
3					
4					
5					
6					

（2）分析钎料成分对母材润湿性的影响。

（3）分析钎剂成分对钎料润湿性的影响。

七、思考题

（1）钎焊原理是什么，哪些工艺参数会影响钎焊接头质量？

（2）钎焊过程中，影响钎料在母材表面润湿的因素主要有哪些？

实验 1-3　可焊性实验

一、实验目的

（1）了解焊膏性能的评价方法和相关标准。
（2）掌握焊膏回流的动态测试评价方法。

二、实验装置及材料

（1）润湿平衡可焊性测试仪。
（2）Sn63Pb37。
（3）松香。
（4）纯铜线。
（5）酒精、丙酮、异丙醇。
（6）酸洗液（分析纯盐酸 5g，等离子水 95g）。
（7）去离子水。

三、实验原理

　　焊膏是表面贴装技术（surface mount technology，SMT）中重要的工艺材料之一，由球形合金焊料粉与有机焊剂载体混合而成的膏状稳定混合物，具有一定的黏性和流动性。回流前，电子元件被焊膏贴装在印制板上，经过回流，焊膏内部分物质挥发，焊料粉熔化，将电子元件与焊盘互连在一起。影响焊膏性能的因素有很多，包括有机焊剂载体中的溶剂、触变剂、活化剂、成膜物质和其他添加剂等的相互配比；合金焊料粉的成分、形状、粒度、表面氧化程度；焊粉与助焊剂的配比等。焊膏性能在很大程度上影响了 SMT 工艺的可靠性。所以，对焊膏性能的研究十分必要。

　　国外评价焊膏的标准很多，如 J-STD-004、IPC-TM-650、QQ-S-571E 和 IPC-SP-819等。焊膏-锡珠实验主要是通过平铺的焊膏中合金颗粒在不浸润基板上回流收缩成球体的能力来评估预测焊膏的回流特性。实验中焊膏回流收缩后形成的球体称为焊料球，此过程称为收球。回流温度在合金焊料粉熔点以上 25℃，该方法对于焊膏的部分性能可以进行预测，如：焊膏活性的大致范围；焊膏回流后残留物质特性；焊膏回流后形成的焊料球的光亮程度等。随着对焊膏性能研究的深入，焊膏-锡珠实验标准又逐渐表现出不足：（1）焊膏-锡珠实验只能得到焊膏回流后的形貌，而一些焊膏实验后的结果没有明显的差别，无法通过焊膏-锡珠实验对它们进行鉴别；（2）焊膏-锡珠实验只能观察到焊膏反应的最终状态，所以对焊膏回流过程中出现的问题进行分析就显得非常困难。因此，可采用录像记录并观察焊膏在回流过程的动态变化来评价焊膏回流性能的优劣。该测试方法可以更全面细致地评价焊膏回流性能，而且有利于分析焊膏在回流过程中出现的问题。

　　焊料对母材充分润湿是形成优良焊点的基本前提。润湿的程度可以用钎料在母材上的接触角来表征。润湿程度的大小可大致分为润湿良好、部分润湿和不润湿等几种情况。润湿良好是指在焊接面上留下一层均匀、连续、光滑、无裂痕、附着好的焊料，此时接触角明显小于 30°。部分润湿只是指金属表面一些地方被焊料润湿，另一些地方表现为不润湿，此时接触角在 30°～90° 之间。不润湿是指焊料在焊接面上不能有效铺展甚至在外力作用下焊料仍可去除。一般地，接触角小于 90° 时，认为焊点是合格的；大于 90° 时，则认为焊点不合格（见图 1-4）。

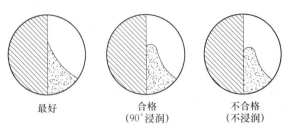

最好　　　　　　合格　　　　　　不合格
　　　　　（90°浸润）　　　（不浸润）

图 1-4 合格和不合格焊点的接触角

电子部件钎焊时，母材表面的氧化物在加热过程中被助焊剂去除。加热不仅使助焊剂活化，而且使钎料的表面张力减小，使润湿作用增强。如果母材与钎料之间没有良好的润湿作用，将导致不润湿或反润湿。图 1-5 给出了元器件引线在印刷电路板上润湿良好时所形成的钎角形态。此时接触角小于 90°，并且在焊盘上会留下均匀光滑的钎料层。

造成焊点润湿不良的原因有两个：一是由于母材表面的氧化物未被助焊剂去除干净，使得钎料难以在这种表面上铺展，从而导致接触角大于 90°；二是钎料本已良好润湿母材，但由于工艺不当（如加热时间过长或温度过高等），使得母材表面易于被钎料润湿的金属镀层完全溶解到液态钎料中，并裸露出不易被钎料润湿的基体金属表面，或是由于钎料与母材相互作用，形成了连续的不易被钎料润湿的化合物相。一旦出现这类情形，已铺展开的液态钎料就会回缩，使其表面积趋于最小，使接触角增大，最终形成所谓的反润湿（或称润湿回缩）焊点。

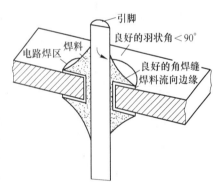

图 1-5 引线良好润湿时焊点形态示意图

可焊性评价有很多种方法，测定量有扩展面积、润湿角、润湿状态、润湿时间以及润湿张力等。依据评价方法的不同，评价值所代表的意义各不相同，不能仅仅用一种评价方法得到的结果来代替焊料润湿性能的全部。下面介绍几种常用的评价焊料润湿性能的原理与方法。

（1）焊料润湿展宽法。该法通过测量焊料在金属表面的熔化过程中的展宽率来评价该焊料的润湿性。例如，使直径为 D 的球形焊料在被焊的金属表面上加热熔化，设熔化后熔体的高度为 H，则：

$$焊料润湿展宽系数 = [(D-H)/D] \times 100\%$$

展宽法的特点是方法简单易行，测试结果具有相对的意义。

（2）表面张力法。表面张力法又称为润湿平衡法。如图 1-6 所示，当样品浸入焊料时，样品、熔化的焊料和大气（或助焊剂覆盖）之间构成一个三相体系，当达到平衡时，由于表面张力的作用，在样品上形成弯月面形状以及三个不同方向的表面张力。当样品浸入熔融的焊料锅内时，受到浮力和润湿力的作用，其合力为 $F = F_m - F_a$，式中 F_m 为润湿力，F_a 为浮力。假设试样在弯月面区域内的周长为 L，熔融合金的密度为 ρ，则 $F_m = F_{LF}\rho L\cos\theta$，$F_a = \rho Vg$。由此得到：

$$\cos\theta = \frac{F + \rho Vg}{\gamma_{LF}L}$$

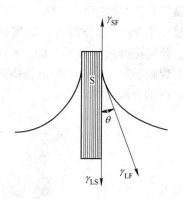

图 1-6　测试样品润湿平衡时的状态图

从上式可以看出，合力 F 的变化与润湿角 θ 存在着直接的关系。因此可以通过测量润湿平衡条件下的合力，来定量地表示样品的可焊性。

图 1-7 是由某可焊性测试仪的一条合力 F 与时间的关系曲线，简称润湿曲线。横坐标为时间，单位为 s，纵坐标为合力，单位为 mN。向上合力为正。润湿曲线过横轴时合力为零。

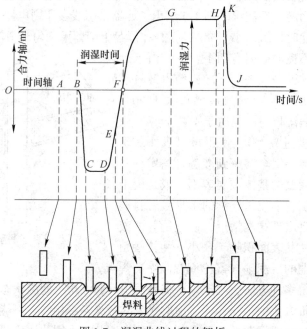

图 1-7　润湿曲线过程的解析

A 点：试样开始放入熔融的锡锅之前。

B 点：试样同熔融锡料接触的时刻，也是测试开始的时刻。

C 点：试样浸到规定的深度。如果试样有很好的润湿性并且试样的热容量很小的话，在 C 点发生润湿。

B 点到 C 点：熔融的锡料液面呈凹型，试样受到焊料表面张力和浮力的共同作用。此时试样表面将发生润湿和焊接。

D 点：如果试样需要的热容量大或者试样涂有的助焊剂较多，在 D 点才开始润湿和焊接。

C 点到 D 点：试样达到焊接温度或焊剂"激活"需要的时间。

E 点：正在润湿过程中。

D 点到 E 点：在这一时间段熔融的焊料处于润湿和凹面回升过程中，表面张力有向上的分量，并且越来越小，如果可焊性好的话，这段时间比较短。

F 点：熔融焊料凹下去的液面回到水平，表面张力的方向是水平的，垂直方向的主要作用是浮力。可以将过 F 点的时间定义为零交时间，作为衡量可焊性的一个指标。

G 点：在指定的时间所测的合力值。通常标准选择 2s，即测量 2s 时的合力值。

H 点：最大合力点。这时焊料爬升高度最高，润湿力最大。

D 点到 H 点：焊料沿着试样表面"爬升"的过程。D 点到 H 点的斜率越大，表明可焊性越好。

K 点：测试结束前一瞬间的合力值，通常 K 点的值同 H 点的值比较接近，表明润湿的稳定性好。如果 K 点比 H 点低，表明焊料沿着试样表面"回落"，凸面有所下降，为失润现象。失润也是衡量试样可焊性的一个指标。

（3）焊球法。此方法也属于润湿平衡法。采用一个小的焊片或焊料球，将其置于一个微小的加热平台上使其熔化形成一个熔融的小液滴或焊球，把涂有焊剂的试样的管脚或被焊表面接触并深入到熔融的液滴内 1/2。保持一段时间直至试样表面被润湿为止，如图 1-8 所示。图 1-9 为获得的润湿性测试曲线。

图 1-8　焊球法测试润湿性

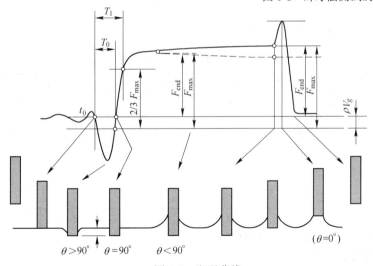

图 1-9　润湿曲线

试样从液面浸入，将会受到向上的浮力（$\theta>90°$）作用，进一步润湿（$\theta<90°$），试样周围形成双曲线凹面。相对于润湿的速度而言，评价方法就是：测定试样与液面接触开始到 $\theta=90°$ 为止的时间（T_0）及液面接触开始达到最大润湿力的 2/3 处的时间（T_1）。并

且，求出试样从锡球中拔出时的合力（F_{end}）和最大合力（F_{max}）的比值。当比值大于 0.8 时，就可以判定有润湿现象发生。

四、实验内容、方法及步骤

（1）清洗：将铜线用丙酮进行脱脂清洗，用酸液浸泡 1min，晾干。

（2）开启可焊性测试仪。

（3）安装试样。

（4）制备活性钎剂：将 25g 氢化松香加入 75g 异丙醇中，缓慢加热，搅拌溶为均匀溶液，加入 0.39g 二乙胺酸化物并搅拌，配成活性钎剂。

（5）将加热台温度保持在 250℃ 左右。

（6）将钎料放入可焊性测试仪的钎料槽内加热熔化。

（7）试样的一端在焊剂中浸渍 5s，浸入深度 4~5mm。

（8）将试件浸有钎剂的一端垂直对准钎料槽。

（9）去除钎料槽表面氧化膜，启动可焊性测试仪，钎料槽以 20mm/s 的速度自动匀速上移，使试件浸入熔融钎料 3mm，并自动记录润湿力随时间变化的函数曲线。

（10）润湿曲线分析。

五、实验注意事项

（1）实验前，确保试件清理干净。

（2）试件从钎剂中取出，确保试件上没有多余的钎剂。

（3）测试过程中，保持工作台的平稳性。

（4）试件保持垂直状态插入钎料槽。

六、实验结果整理与分析

（1）整理实验结果，填入表 1-3 中。

表 1-3　实验结果记录表

序号	温度	钎料	钎剂	浸渍升降速度	润湿开始时间 t_0	润湿时间 t	润湿力 F	3s 润湿力 F_3
1								
2								
3								
4								
5								
6								

（2）分析影响钎料、钎剂焊接性的因素。

（3）分析表面张力与润湿性的相关性。

七、思考题

（1）金属焊接性是什么？

（2）钎焊过程中影响金属焊接性的因素及调控措施有哪些？

实验 1-4　微焊点金相实验

一、实验目的

（1）了解微焊点显微结构特征。

（2）掌握金属制样的操作方法。

（3）了解无铅焊点金属间化合物（IMC）的成分、厚度对焊点可靠性的影响。

二、实验设备及材料

（1）M-2 型预磨机。

（2）P-1 型金相试样抛光机。

（3）金相显微镜。

（4）吹风机。

（5）冷镶料。

（6）抛光膏。

（7）4%硝酸酒精腐蚀液。

（8）不同型号的水砂纸。

（9）实验棉。

（10）镊子。

三、实验原理

微电子封装工业依赖微焊点在各式各样的组件之间形成稳健的机械连接和电气互联，然而散热问题、机械冲击或振动往往给微焊点带来很大的负荷。

在电子封装或组装结构中，钎料合金、引线框架、基板、表面镀层等不同材料组成一个复杂的材料体系，如图 1-10 所示。在钎焊过程中，熔融的钎料与器件、基板将发生界面反应，反应产物即金属间化合物（intermetallic compounds，IMC）。IMC 的形成是焊接界面形成冶金结合的标志，但又是互连中的脆性部分。通常认为 IMC 的过度生长对封装的可靠性会产生不利的影响，但是 IMC 和焊点可靠性之间的关系极为复杂。

在回流焊液固反应过程中，界面 IMC 的生长过程复杂，在液态焊料/基板扩散偶处形成的界面化合物受固态扩散控制，其形成和

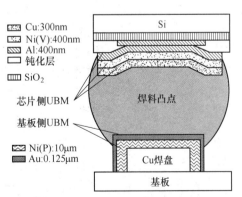

图 1-10　倒装芯片凸点互连结构示意图

长大主要是由液态焊料和基板之间的界面化学反应和元素的扩散过程共同决定的，将 IMC 的生长分为三个阶段：反应控制阶段、体扩散控制阶段和晶界扩散控制阶段。界面反应控

制阶段：回流焊接初期，由于化学反应而生成界面 IMC，由界面反应控制，生长速度极快，形成新相 IMC。线性生长表明生长速率只受焊料/基板界面的反应速率限制，即金属基板在液态焊料中的溶解速率与焊料中活性成分与金属基板的结合速率，生长不受 IMC 组元扩散到界面速率的影响。体扩散控制阶段：IMC 的生长受组元元素到达界面的体扩散控制，随着 IMC 层的生长，表面积和表面能的不断减少，界面晶粒继续长大，组元必须通过 IMC 层才能扩散到反应界面，界面上晶粒的总数越来越少，生长越来越困难。晶界扩散控制阶段：随着体扩散逐渐由晶界扩散取代，进入晶界扩散控制的 IMC 生长阶段。IMC 组元需通过 IMC 的晶界进行扩散以进一步形成界面化合物，但是由晶界扩散控制的 IMC 生长速率明显低于第二阶段，生长极为缓慢。

　　IMC 的生长厚度主要取决于焊料成分、基板类型、焊料体积、焊点形状、焊接温度和时间等。IMC 的厚度与焊料合金的组成成分密切相关，无铅焊料由于其熔点比传统的铅锡焊料高约 30℃，致使其回流工艺温度高，因此大多数无铅焊料会在界面区域形成更多的 IMC；如三明治形焊点高度低，扩散距离短，因此在相同的时间内从 Cu 焊盘扩散到 Ni 镀层的 Cu 原子通量就比较大，界面 IMC 的生长较快，厚度较大，同时（Cu，Ni）6Sn5 中 Cu 原子的含量也明显较高；镀 Ni 的基板要比 Cu 基板的 IMC 生长慢得多；而在无铅的倒装芯片中，由于焊点头部尺寸很小约为 0.1mm，Cu 在焊料中的溶解的特征时间较 BGA、CSP 要小得多，所以当 Cu 在熔融焊点中饱和后，界面 IMC 的生长就快得多，在无铅焊料的倒装芯片中 IMC 层会格外的厚；焊接温度越高，时间越长，IMC 组元扩散的时间也越长，形成的 IMC 层越厚。

　　常见的 SnAgCu 焊料的熔点大约是 $217 \sim 218℃$，通常回流焊工艺中的峰值温度在 245℃ 至 260℃ 之间，SnAgCu 焊料与 Cu 的液态界面反应主要是 Cu-Sn 反应和 Ag-Sn 反应。由 Cu-Sn 的二元相图（图 1-11）；在通常的焊接工艺温度下，Cu-Sn 反应的主要产物是 Cu_6Sn_5 和 Cu_3Sn 两种金属间化合物。SnAgCu 焊料与 Cu 的液相反应将形成 Cu_6Sn_5 相。可以观察到在焊料/ICU 界面形成了一层贝壳状（scallop-type）的 Cu_6Sn_5 金属间化合物，在焊料内部形成了棒状的 Ag_3Sn，如图 1-12 所示。

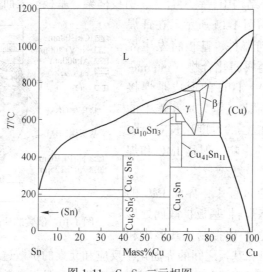

图 1-11　Cu-Sn 二元相图

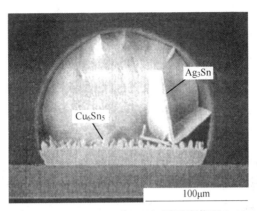

图 1-12　SnAgCu/Cu 在 260℃下回流截面 SEM

四、实验内容、方法及步骤

（1）制样。按照冷镶料和固化剂 1∶1 的比例混合好后，倒入试样杯中，10~30min 凝固后取出即可。

（2）打磨并抛光。采用由粗到细的不同型号砂纸在 M-2 打磨机上打磨至平滑且磨痕平行，然后用抛光膏（粒度为 0.5~1.5 的人造金刚石）在抛光机上抛光。

（3）腐蚀。用 2%~4% 的盐酸酒精腐蚀试样 10s 左右。

（4）光镜观察并拍照。使用光学显微镜进行截面观察显微组织特征，并进行显微组织的拍摄。

五、实验注意事项

（1）严禁在磨片机旋转时更换砂纸、砂布等。

（2）试片打磨、抛光时应握紧，并力求与磨面接触平稳。

（3）严禁两人同时在一个旋转盘上操作。

（4）金相实验用过的废液应经必要的处理后方可排放，不得将未经处理的废液倒入下水道。

六、实验结果分析

（1）绘制微焊点各区域显微组织示意图。

（2）分析微焊点界面显微组织变化特征，说明界面 IMC 生长机理及对焊接接头性能的影响。

实验 1-5　钎焊工艺实验

一、实验目的

（1）了解传统钎焊工艺实验。

（2）掌握钎焊工艺参数对接头质量的影响规律。

（3）了解钎焊接头质量的一般性测试实验。

二、实验装置及材料

（1）万能电子试验机。

（2）去离子水：室温电阻率≥5kΩ·m。

（3）丙酮、异丙醇：分析纯。

（4）酸洗液。

（5）活性钎剂。

（6）Sn63Pb37、Sn3Ag0.5Cu。

三、实验原理

钎焊指采用熔点比母材（被钎焊材料）低的填充材料（称为钎料或焊料），在低于母材熔点、高于钎料熔点的温度下加热熔化，并填充母材连接处的间隙，通过其与母材的相互作用，冷凝形成牢固接头的连接方法，其原理如图 1-13 所示。根据钎料熔点的不同，钎焊分为硬钎焊和软钎焊。

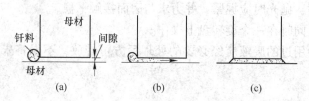

图 1-13　钎焊过程示意图

（a）放置钎料并加热；（b）钎料熔化并填充间隙；（c）钎料凝固形成接头

与熔化焊相比，钎焊具有明显的特点：（1）钎焊加热温度较低，母材金属的组织、性能变化不大。（2）钎焊接头可以实现精密装配，焊后变形小，容易保证结构尺寸。（3）钎焊生产率高且不受结构形状限制。（4）钎焊容易实现异种金属以及金属与非金属的连接。（5）钎焊过的零件可以更换。（6）对热源要求较低，工艺过程较简单。（7）焊接接头平整光滑、外表美观。（8）钎焊接头强度一般较低，耐热能力较差。（9）一般采用搭接接头，增加了母材的消耗量和结构的重量。（10）钎焊接头的耐蚀性较差。（11）装配工艺要求高。

钎焊过程的主要工艺参数是钎焊温度、保温时间及吸收的热量大小。钎焊温度通常选为高于钎料液相线温度 30~50℃，以保证钎料能填满间隙。钎焊保温时间视工件大小及钎料与母材相互作用的剧烈程度而定。大件的保温时间应长些，以保证加热均匀。钎料与母材作用强烈的，保温时间要短。一般来说，一定的保温时间是促使钎料与母材相互扩散，形成牢固结合所必需的，但过长的保温时间将导致熔蚀等缺陷的发生。

四、实验内容、方法及步骤

（1）配制酸洗液：分析纯盐酸 5g（35%），用 95g 去离子水稀释（1.75%）。

（2）配制活性钎剂：将（25±0.1）g 氢化松香加入（75±0.1）g 异丙醇中，缓慢加热、搅拌溶为均匀溶液，加入（0.39±0.01）g 二乙胺盐酸化物并搅拌溶解，配成活性钎剂待用。

（3）采用机械加工方法制如图 1-14 所示形状和尺寸的一组（3 对）纯铜拉伸试样，焊接部位试样表面粗糙度 $R_a \leqslant 1.6\mu m$。

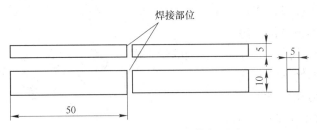

图 1-14　拉伸试样的形状与尺寸

（4）用丙酮对试样进行脱脂清洗，室温干燥后放入盛有酸洗液的超声波清洗机中清洗 1min，从酸洗液中将试样取出，用去离子水充分清洗，经丙酮浸渍后，置室温干燥待用。

（5）将试样焊接面端部浸入钎剂中 5s，浸入深度以焊接面恰好完全接触钎剂液面为限。略微倾斜一些将试样从钎剂中取出，使试样上没有多余的钎剂，如果试样上有多余的钎剂液滴，可用清洁的滤纸小心将其吸去。

（6）将试样放入专用焊接夹具中，并在两个焊接面之间放入适量的待测钎料片，使用如图 1-15所示的升降机，使试样与钎料槽内的熔融钎料（钎料温度为 250℃±3℃）水平接触并持续 30s，使接合部位能够获得良好的焊接。

（7）由升降机将试样从钎料槽中提升上来，室温自然冷却。

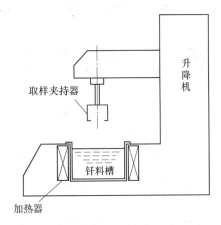

图 1-15　钎剂润湿装置图

（8）将焊接好的试样从焊接夹具中取出，并对焊接部位仔细进行机械加工，除去接合部位以外的钎料，并清洗干净钎剂残渣，使其表面粗糙度 $R_a \leqslant 25\mu m$。拉伸实验用焊接试样如图 1-16 所示。

（9）以相同方法制备其余拉伸试样，待用。

（10）将拉伸试样安装到万能电子试验机，保持试样与夹头轴线一致。

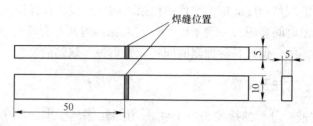

图 1-16　拉伸实验钎焊试样

（11）以 1mm/min 的速度拉伸，直至试样断裂。

五、实验注意事项

（1）一般注意事项：

1）实验前，确保母材清理干净。

2）减少钎料不被氧化、污染。

3）尽量做到给各试样的钎料、钎剂的量一样。

4）控制适当的钎焊间隙。

5）拉伸试样与夹头轴线一致。

（2）实验中可能出现的事故：

1）钎焊过程中，被加热台和高温试样烫伤。

2）配制钎剂过程中，酸对身体造成伤害。

六、实验结果整理与分析

（1）整理实验结果，填入表 1-4 中。

表 1-4　实验结果记录表

序号	钎料	钎焊温度	保温时间	接头特征	拉伸强度
1					
2					
3					
4					
5					
6					

（2）分析钎料成分对钎焊接头成形、拉伸强度的影响。

（3）分析钎剂工艺参数对钎焊接头成形、拉伸强度的影响。

七、思考题

（1）钎焊工艺参数主要包括哪些，对接头力学性能的影响有什么规律？

（2）如何提高钎焊接头的质量？

2 电子封装工艺实验

实验 2-1 表面贴装工艺实验

一、实验目的

(1) 熟悉识别常见贴片元件图纸和实物，学习判断贴片元器件。
(2) 了解表面贴装工艺生产线的基本组成。
(3) 熟练掌握贴片机和丝印机的组成结构与基本工作原理。
(4) 熟悉表面贴装工艺实验设备操作方法。

二、实验材料及设备

(1) 手动高精密贴片机。
(2) 高精度手动丝印机。
(3) 镍铬-镍硅或铂铑-铂热电偶丝。
(4) 电路板。
(5) 焊锡膏。

三、实验原理

(一) 表面贴装原理

表面贴装技术，源自英语 Surface Mounted Technology，故也简称为 SMT。而与之相对应的，则是通孔插装技术，即 Through Hole Technology，简称 THT。表面贴装技术则是将电子零件的引脚与印刷电路板的焊盘相贴合，然后使用焊锡进行金属化而连成一体；而通孔插装技术是将电子零件的引脚插入印刷电路板的通孔中，然后将焊锡填充孔中并进行金属化而连接成一体。图 2-1 为电子器件的表面贴装和插装实物图。

 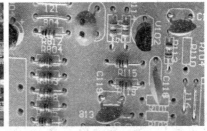

(a)   (b)

图 2-1　表面贴装与插装实物图
(a) 表面贴装；(b) 表面插装

SMT 生产线组成形式根据组装产品和组装工艺的要求而有所不同，其主要差别体现在：生产线主要用于贴装单面还是双面 PCB，所贴装元器件类型和生产要求是否具有自动检测功能、系统集成化程度高低及系统组装效率、组装精度等性能指标。其中，SMT生产线基本组成形式中最为典型的是配置有自动上板机、丝网印刷机、贴片机、自动收板机等设备的单线形式。

（二）表面贴装元器件 SMD（surface mounting devices）

由于安装方式的不同，SMT 元器件与 THT 元器件主要区别在外形封装（见表 2-1）。由于 SMT 重点在减小体积，故 SMT 元器件以小功率元器件为主。因为大部分 SMT 元器件为片式，故通常又称片状元器件或表贴元器件，一般简称 SMD。

表 2-1 THT 与 SMT 的区别

	年 代	技术缩写	代表元器件	安装基板	安装方法	焊接技术
通孔安装	20 世纪 60~70 年代	THT	晶体管，轴向引线元件	单、双面 PCB	手工/半自动插装	手工焊浸焊
	70~80 年代		单、双列直插 IC，轴向引线元器件编带	单面及多层 PCB	自动插装	波峰焊，浸焊，手工焊
表面安装	20 世纪 80 年代开始	SMT	SMC、SMD 片式封装 VSI、VLSI	高质量 SMB	自动贴片机	波峰焊，再流焊

1. 片状元件

表贴元件包括表贴电阻、电位器、电容、电感、开关、连接器等。使用最广泛的是片状电阻和电容。

（1）片状电阻。表 2-2 是常用片状电阻尺寸等主要参数。

表 2-2 常用片状电阻主要参数

代码 参数	1608 * 0603	2012 * 0805	3216 * 1206	3225 * 1210	5025 * 2010	6332 * 2512
外型：长×宽	1.6×0.8	2.0×1.25	3.2×1.6	3.2×2.5	5.0×2.5	6.3×3.2
功率/W	1/16	1/10	1/8	1/4	1/2	1
电压/V		100	200	200	200	200

（2）片状电容。片状电容主要是陶瓷叠片结构，其外型代码与片状电阻含义相同，主要有：1005 * 0402，1608 * 0603，2012 * 0805，3216 * 1206，3225 * 1210，4532 * 1812，5664 * 2225 等。片状电容元件厚度为 0.9~4.0mm；片状陶瓷电容依所用陶瓷不同分为三种，其代号及特性分别为：

NPO：Ⅰ类陶瓷，性能稳定，损耗小，用于高频高稳定场合

X7R：Ⅱ类陶瓷，性能较稳定，用于要求较高的中低频的场合

Y5V：Ⅲ类低频陶瓷，比体积大，稳定性差，用于容量、损耗要求不高的场合

2. 表贴器件

表面贴装器件包括表面贴装分立器件（二极管、三极管、FET/晶闸管等）和集成电

路两大类。

（1）表面贴装分立器件。除部分二极管采用无引线圆柱外形，主要外形封装为小外形封装 SOP（small outline package）型和 TO 型。

（2）表面贴装集成电路。常用 SOP 和四列扁平封装 QFP（quad flat package）封装，如图 2-2 所示，这种封装属于有引线封装。

SMD 集成电路中的一种称为 BGA 的封装应用日益广泛，主要用于引线多、要求微型化的电路，图 2-3 是一个 BGA 的电路示例。

(a)   (b)

图 2-2   SMD 封装器件

(a) SOP 封装；(b) QFP 封装

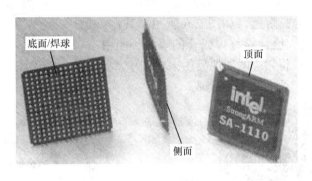

图 2-3   BGA 结构

（三）印制板 SMB（surface mounting board）

（1）SMB 的特殊要求。

1）外观要求光滑平整，不能有翘曲或高低不平。

2）热胀系数小，导热系数高，耐热性好。

3）铜箔粘合牢固，抗弯强度大。

4）基板介电常数小，绝缘电阻高。

（2）焊盘设计。片状元件焊盘（见图 2-4）形状对焊点强度和可靠性关系重大，以片状阻容元件为例。

$$A = b \text{ 或 } b - 0.3$$
$$B = h + T + 0.3 \text{ （电阻）}$$
$$B = h + T - 0.3 \text{ （电容）}$$
$$G = L - 2T$$

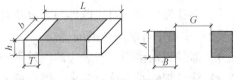

图 2-4   片状元件焊盘

四、实验内容、方法与步骤

（1）实验准备。

1）仔细阅读预贴片的电路板分布图。

2）熟悉电路板中的所有器件，观察各器件的贴装位置。

3）将器件分类，并放置其贴片的位置，便于后续的实验工作。

（2）焊膏印刷。

1）将电路板放置于丝印机（见图 2-5）的定位顶针上，固定其位置。

2）将相应的钢网放置于丝印机上，初步对应下方电路板上焊盘位置。

3）通过调整丝印机 X、Y 轴位置，精确对应钢网与焊盘位置，保证一致性。

4）将回温好的焊锡膏倒入钢网上，使用刮刀均匀地铺展开焊锡膏，使焊盘上的焊锡膏分布均匀。

（3）贴片。首先，采用镊子将细小的器件拾取放置在电路板上焊盘位置附近，如图 2-6 所示。其次，通过贴片机显示器放大已经涂好焊锡膏的焊盘，使用

图 2-5　丝印机

真空吸管（见图 2-7）将相应的器件吸住，对准好焊盘位置，松开真空吸管开关，使器件平稳地放置在焊盘上，器件贴片已完成。

图 2-6　镊子拾取安放

图 2-7　真空吸管

五、实验注意事项

（1）一般注意事项。

1）仔细将所有器件分类，确保器件及其贴片位置正确。

2）在钢网印刷过程中，注意刮刀的角度及移动速度，放置焊锡膏印刷不均匀。

3）采用真空笔吸器件时，注意器件掉落。

4）贴片器件时，对照器件与焊盘位置，不可偏移。

（2）实验中可能出现的问题。

1）器件识别错误，与对应的位置不一致。

2）涂敷焊膏时不符合要求，焊膏量太多或太少。

3）贴片器件偏离了贴片位置。

六、实验结果整理与分析

（1）整理实验结果，填入表 2-3 中。

表 2-3　实验结果记录表

实验编号	刮刀角度	移动速度	刮刀宽度	印刷间隙	焊锡膏印刷均匀性情况
1					
2					
3					
4					
5					
6					
7					

（2）分析焊膏印刷时可能出现的缺陷类型。

（3）分析焊膏印刷缺陷的形成原因。

七、思考题

（1）结合所学知识，描述贴片机的工作原理及过程。

（2）结合所学课本知识，描述印刷机工作过程。

（3）谈谈对 SMT 设备的理解和认识。

实验 2-2　波峰焊实验

一、实验目的

（1）了解波峰焊机的基本组成结构。
（2）熟悉波峰焊接基本工作原理及工艺过程。
（3）熟悉波峰焊机的操作方法。

二、实验材料及设备

（1）焊料：Sn63/Pb37、Sn-0.7Cu、Sn-3Ag-0.5Cu。
（2）助焊剂：松香。
（3）锡渣减除剂。
（4）阻焊剂或耐高温阻焊胶带。
（5）酒精。
（6）电路板。
（7）电子器件。
（8）波峰焊机。

三、实验原理

波峰焊接（wave soldering）技术主要用于传统通孔插装印制电路板的组装工艺，以及表面组装与通孔插装元器件的混装工艺。它是应用最普遍的焊接印制电路板的工艺方法，适宜成批、大量的焊接一面装有分立元件和集成电路的印制线电路板。与手工焊接相比，波峰焊具有生产效率高、焊接质量好、可靠性高等优点。

波峰焊是一种借助泵压作用，使熔融的液态焊料表面形成特定形状的焊料波，当插装了元器件的装联组件以一定的角度通过焊料波时，在引脚和焊区位置形成焊点的工艺技术。组件在由链式传送带传送的过程中，先在焊机预热区进行预热（组件预热及其所要达到的温度依然由预定的温度曲线控制）。实际焊接中，通常还要控制组件面的预热温度，因此许多设备都增加了相应的温度检测装置（如红外探测器）。预热后，组件进入铅槽进行焊接。锡槽盛有熔融的液态焊料，钢槽底部喷嘴将熔化的焊料喷出一定形状的波峰，这样，在组件焊接面通过波峰时就被焊料波加热，同时焊料波也能润湿焊区并进行扩展填充，最终实现焊接过程。其工作流程如图 2-8 所示。

显然，波峰焊是采用对流传热原理对焊区进行加热的。以熔融的焊料波作为热源，一方面流动可以冲刷引脚焊区，另一方面也起到了热传导作用，引脚焊区正是在此作用下被加热的。采用银铅焊料焊接时，熔融焊料温度通常控制在 245℃ 左右。为了保证焊区可以升温，焊料波通常具有一定的宽度，这样，当组件焊接面通过波峰时就有充分的加热、润湿等时间。在传统的波峰焊中，一般采用一个波，而且波峰比较平坦。随着铅焊料的使用，目前多采取双波峰的形式。

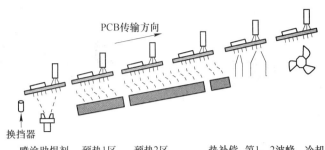

图 2-8　波峰焊原理

一台波峰焊机，主要由传送带、加热器、锡槽、泵、助焊剂发泡（或喷雾）装置等组成。主要分为助焊剂添加区、预热区、焊接区。图 2-9 为波峰焊机的实物图。

图 2-9　波峰焊机

锡槽里的焊料在加热器的加热作用下逐渐熔融，熔融的液态焊料在机械泵（或电磁泵）的作用下、在焊料槽液面形成特定形状的焊料波。插装了元件的 PCB 置于传送装置上，经过某特定的角度以一定的浸入深度穿过焊料波而实现焊点焊接，所以称为波峰焊。

根据波峰形状不同，可分为 λ、T、Ω 波（见图 2-10）；根据波峰的数量可分为单波、双波。对单波而言，只有一个波，称为平流波。对双波而言，第一个波称为扰流波，第二个波称为平流波（平滑波）。扰流波的作用是 SMT 元件焊接及防止漏焊，它保证穿过电路板的焊料分布适当。焊料以较高的速度通过狭缝渗入，从而透入窄小间隙。喷射方向与电路板进行方向相同。对 SMT 元件而言，扰流波基本能完成焊接。但对通孔元件而言，扰流波本身并不能适当焊接元件，它给焊点上留下不平整和过剩的焊料，因此需要第二个波——平流波。平流波的作用是消除由扰流波产生的毛刺和焊桥。平流波实际上就是单波峰焊机所使用的波，因此，当传统通孔元件在双波机器上焊接时，就可以把扰流波关掉，用平流波就可以完成焊接。平流波的整个波面基本上保持水平，像个镜面。初看起来，好像锡波是静态的，实际上焊锡是在不停流动的，只是焊锡非常平稳。

波峰焊机焊点成形：当 PCB 进入波面前端时，基板与引脚被加热，并在未离开波面前，整个 PCB 浸在焊料中，即被焊料所桥联，但在离开波尾端的瞬间，少量的焊料由于

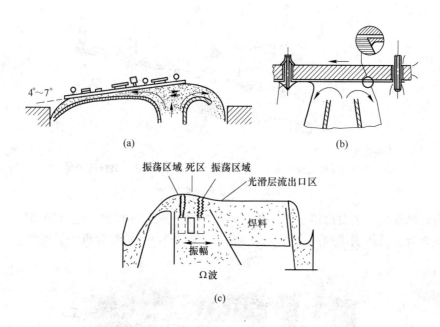

图 2-10　常见的几种波峰结构

(a) λ 波；(b) T 波；(c) Ω 波

润湿力的作用，粘附在焊盘上，并由于表面张力的原因会出现以引线为中心的收缩状态，此时焊料与焊盘间的润湿力大于两焊盘间的焊料的内聚力。因此会形成饱满、圆整的焊点。由于重力的原因，离开波尾部的多余焊料会回落到锡槽中。

四、实验内容、方法与步骤

（一）焊前准备

（1）插装前，在待焊 PCB（该 PCB 已经过涂敷贴片胶、SMC/SMD 贴片、胶固化）后附元器件插孔的焊接面涂阻焊剂或粘贴耐高温粘带，以防波峰焊后插孔被焊料堵塞。如有较大尺寸的槽和孔也应用耐高温粘带贴住，以防波峰焊时焊锡流到 PCB 的上表面（如水溶性助焊剂只能采用阻焊剂，涂敷后放置 30min 或在烘灯下烘 15min 再插装元器件，焊接后可直接用水清洗），然后插装通孔元件。

（2）用比重计测量助焊剂的比重，若比重大了，用稀释剂稀释。

（3）将助焊剂倒入助焊剂槽。

（二）焊接器件

（1）开机步骤。

1）打开波峰焊机及排风机。

2）按电脑显示屏上锡炉开关键将其打开，使锡炉工作。

3）按电脑显示屏上 1、2 波峰开关键将其打开，运行锡泵工作。

4）按电脑显示屏上预热开关键 1、2、3 将其打开，运行预热工作。

5）按电脑显示屏上链速开关键将其打开，运行工作。

6）根据 PCBA 的板宽度（夹具宽度）对轨道进行调节。

7）检查洗爪剂内的液位高度，及时添加洗爪剂。

（2）设备参数调整。

1）根据 PCBA 板底部的焊盘结构将助焊剂均匀地喷洒在 PCBA 板上，使其受热均匀。

2）预热温度根据不同的 PCBA 板的材质所设定。预热温度为 120~150℃。

3）锡炉链条速度为 1.0~1.8m/min。

4）锡炉的波峰焊温度为 255℃±10℃。

5）助焊剂流量为 20~300mL/min。

6）波峰焊工业气压为 0.3~0.5MPa。

7）波峰一的参数为 9~11Hz，波峰二的参数为 13~15Hz。

8）首检焊接后从接驳台取出检验（待所有参数达到设定值后进行）。

9）把 PCBA 板平稳地放入轨道传送带内，让它经过喷洒助焊剂、预热、焊接、冷却。

10）根据首检焊接结果调整设定参数。

（3）焊接时间、预热温度、锡炉的升温时间。

1）焊接过程是焊接金属表面、熔融物料与空气之间的复杂过程，必须控制好焊接温度及焊接时间。

2）如果焊接温度过低，容易焊出锡尖太多、连锡、锡面面部不平等现象；如温度过高，很容易元器件、PCBA 板烧坏和锡面不饱满等现象。

3）波峰焊接 PCBA 板时间一般为 2~5s。

4）预热分为三个区域预热温度一般为 90~120℃之间。

5）锡炉的升温时间为 120min。

（4）关机步骤。

1）按电脑显示屏 1、2 波峰开关键将其关闭，停止锡泵工作。

2）按电脑显示屏锡炉开关键将其关闭，停止锡炉工作。

3）按电脑显示屏预热开关键 1、2、3 将其关闭，停止工作。

4）按电脑显示屏链速开关键将其关闭，停止工作。

5）用手动关闭主机电源将其扭到（OFF）关闭状态。

五、实验注意事项

（1）注意观察气阀的压力，保证其值在 0.4MPa 左右。

（2）观察助焊剂盒和酒精盒的刻度，保证助焊剂和酒精总量满足使用要求。

（3）调整好焊机角度，保证在 4°~7°之间。

（4）焊接过程中，不可随便触碰波峰焊锡炉，避免烫伤。

（5）注意高压电源，防止触电。

六、实验结果整理与分析

（1）整理实验结果，填入表 2-4 中，分析表中的数据。

（2）描述焊料温度、夹送速度、浸入深度对焊点成形的影响规律。

（3）给出实验条件下获得的最佳工艺参数。

表 2-4 实验结果记录表

序号	预热温度	焊料温度	夹送速度	夹送倾角	浸入深度	焊点成形情况
1						
2						
3						
4						
5						
6						
7						
8						

七、思考题

（1）结合所学知识，描述波峰焊机的工作原理。

（2）结合所学课本知识，描述波峰焊机的工作过程。

（3）结合焊接结果，分析波峰焊接的缺陷类型及原因。

（4）分析主要工艺参数对波峰焊焊点成形的影响。

实验 2-3　回流焊实验

一、实验目的

（1）掌握回流炉各温区的温度设定的方法。

（2）掌握封装元器件贴片的方法。

（3）找出影响回流温度曲线的原因。

二、实验材料及设备

（1）回流炉。

（2）回流曲线记录仪。

（3）电路板。

（4）元器件。

（5）印刷钢网板。

（6）刮刀。

三、实验原理

回流焊又称再流焊，是通过重新熔化预先放置的焊料而形成焊点，在焊接过程中不再添加任何焊料的一种焊接方法。回流焊的基本原理比较简单，它首先对 PCB 板的表面贴装元件（SMD）焊盘印刷锡膏，然后通过自动贴片机把 SMD 贴放到预先印制好锡膏的焊盘上。最后，通过回流焊接炉在回流焊炉中逐渐加热，把锡膏融化，称为回流（Reflow），接着把 PCB 板冷却，焊锡凝固，把元件和焊盘牢固地焊接在一起。在回流焊中，焊盘和元件管脚都不熔化。

传统锡铅焊料的回流焊峰值温度最高约为 225℃，采用 SnAgCu 焊料的峰值温度约为 245℃，它们与回流焊的危险温度 260℃（热敏感元器件的最高允许温度）分别差 35℃ 和 15℃；无铅化使回流焊工艺窗口收窄约 57%，这要求回流炉不仅要有很好的热传导性能，使不同热容量的元器件、PCB 在回流时的表面温差达到最小，而且必须控温精确。目前，主流回流焊炉普遍采用热风对流式、多温区控制，温区数最大可达 12~15 个。温区越多，越有利于回流曲线的精确调整和控制，满足温度爬升和下降变陡的要求。无铅回流焊炉一般还设置了 2 个以上强制对流冷却温区，有的还采用了分层气流冷却系统，使回流焊接的冷却也处于受控状态。为了防止高温下焊膏的氧化、PCB 和元器件的氧化变色等问题，无铅回流焊炉设置了氮气保护，可以明显改善焊点的外观和可靠性，但相应的成本却增加了。回流曲线一般由预热区、保温区、再流区、冷却区等几大温区组成，同时，各大温区又可分成几个小温区，如图 2-11 所示。无铅回流焊机比有铅回流焊机具有更多的温区，其焊接工艺更加复杂。

（1）预热区。指从室温升至 120~150℃ 的区域，升温速度一般为 1~3℃/s。该段可使 PCB 和元器件预热，同时焊膏中的溶剂缓慢挥发，以防焊膏发生塌落和焊料飞溅。升温

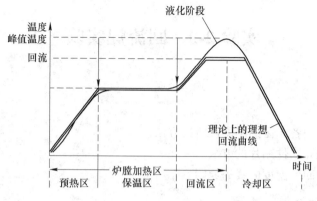

图 2-11　回流焊原理

过快，可能造成对元器件的伤害，比如会引起多层陶瓷电容开裂，同时还可能造成焊料飞溅，形成焊料球以及焊料不足的焊点。升温太慢，锡膏会感温过度，没有足够的时间使PCB 达到活性温度。

（2）保温区。指温度维持在 150℃ 至焊料熔点之间的区域，通常时间为 60~120s。该段主要是为了保证 PCB 及其组装的元器件在回流前温度尽可能达到一致，特别是对 PCB板较大、元器件品种多的场合，保温时间要取上限，否则容易由于 PCB、元器件温度不均匀造成的冷焊、芯吸、桥连等缺陷。同时，焊膏中的活化剂开始作用，清除元器件焊接面或引脚、焊盘、焊粉中的氧化物及污染物，获得"清洁"的表面准备回流熔化。不过，焊盘、焊膏、元器件焊接面在加热和风吹的条件下更容易氧化，保温时间太长，焊膏中的活化剂可能消耗完，反而使回流性能变差，特别是在目前越来越多地采用无卤素、免清洗焊膏的情况下。

（3）再流区。指温度超过焊膏中焊料熔点的区域，对于 Sn63Pb37 钎料，常用的温度为 210~225℃。此时焊膏中的焊料开始熔化，呈流动状态，对焊盘和元器件焊脚发生润湿，产生冶金结合。润湿作用导致焊料进一步扩展。回流区温度太高，加热时间过长，PCB 板及元器件易造成损坏；反之，回流区温度过低，加热时间过短，焊料熔化不充分，焊接效果会产生虚焊、冷焊等焊接缺陷。回流区的时间通常为 60~120s，PCB 板越大、元器件越多，时间越长。确定回流时间的原则是必须保证热容最大的元器件发生良好的焊接。

（4）冷却区。指降温时温度低于焊料熔点的区域。此时，液态焊料发生了凝固，形成光亮的焊点，提供良好的电接触和机械结合。冷却段曲线一般同回流升温段镜面对称。冷却速度太大，可能造成焊点区域热应力大，引起裂锡、脆化；冷却速度过小，焊点表面可能产生渣剂结晶或被吹皱，表面粗糙，不美观。

（一）加热因子

在生产上，调整整个组装板的回流曲线是一件较为烦琐的工作，并且还缺乏定量化的依据。通常，对较为复杂的组装板，可以通过适度提高保温和回流温度，或延长保温和回流时间使组装件温度均匀、回流充分，从而减少外观缺陷。但是，有时这样的组装板表面上看起来焊点外观良好，实际由于在高温停留的时间过长或经受的温度太高，会造成器件的机械和电性能变差、焊点可靠性下降。这种隐患在生产中无法察觉，而经用户一段时间的使用后才显示出可靠性问题，给用户造成无法挽回的损失。为此，提出了一个描述回流温度曲线好坏程度的定量化参数——"加热因子"，通过它来指导回流温度曲线的调整，以达到提高焊接质量和产品可靠性的目的。定义加热因子 Q_η 为回流温度曲线在液相线上的温度 $T(t)$ 对时间 t 的积分，相当于曲线在液相线上的面积：

$$Q_\eta = \int_{t_1}^{t_2} (T(t) - T_m)\, dt$$

其中，$(t_2 - t_1)$ 为液相线上停留的时间。将它进一步简化为一个三角形，底为 $\Delta t = t_2 - t_1$，高为 $\Delta T = T_{max} - T_m$，即

$$Q_\eta = \frac{1}{2} \Delta t \cdot \Delta T$$

对于共晶 SnPb 合金，$T_m = 183℃$，则：

$$Q_\eta = \frac{1}{2}(t_2 - t_1)(T_{max} - 183)$$

（二）回流炉

在钎焊过程中，接头质量好坏的关键技术是在于回流热能转换的加热方法。热风回流焊炉总体结构主要分为加热区、冷却区、炉内气体循环装置、废气排放装置以及 PCB 传送带等五大主体部分，如图 2-12 所示。

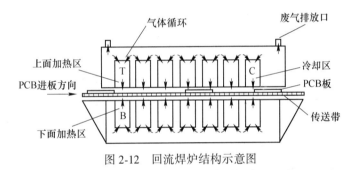

图 2-12　回流焊炉结构示意图

气体控制包括两个方面：回流焊接所需气体加入和炉内废气排放。气体注入分为两种一种是氮气（N_2），另一种是压缩空气。通过炉体采样气口连接氧气含量测试仪可以精确测量炉区内氧气含量。当不需要使用氮气时，炉内应注入压缩空气保持炉内的气体需要。炉内废气（包括助焊剂的挥发物、回流焊接产生的废烟等）应不断地排出炉外或回收，以维护炉内正常气体环境和保护员工健康，炉体的排气管应与整个工厂的排气装置相连。

四、实验内容、方法及步骤

（1）学习掌握炉温设定的方法和步骤。

（2）设定好回流曲线，运行回流炉和回流曲线记录仪，检查回流曲线是否满足实验要求。

（3）在试验板上印刷焊膏，贴装元器件，放入回流炉中回流。

（4）改变回流曲线，重新印刷焊膏，贴装元器件，放入回流炉中回流。

（5）光学观察并比较两次焊接的质量。

五、实验注意事项

（1）一般注意事项。

1）必须保证贴片好的电路板器件不偏离位置。

2）将贴片好的电路板放置回流炉的中心位置。

3）检查下设置好的回流曲线，再进行回流焊接。

（2）实验中可能出现的问题：

1）元器件从电路板上脱落。

2）元器件偏离贴片位置。

六、实验结果整理与分析

（1）整理实验结果，填入表2-5中。

表2-5　实验结果记录表

序号	预热温度	焊接温度	焊接时间	助焊剂	焊点成形情况
1					
2					
3					
4					
5					
6					
7					
8					

（2）分析回流焊接时可能出现的焊接缺陷。

（3）分析回流焊焊点缺陷的形成原因。

七、思考题

根据所给材料，如何选择回流曲线，如何确定具体实验参数，写出实验心得体会。

实验 2-4　引线键合实验

一、实验目的

（1）通过实验使学生掌握微电子封装技术的应用技能，了解电子封装工艺的基本过程和要求。

（2）了解金丝键合和铝丝键合的基本原理和工艺，掌握两种引线键合的基本操作工艺。

（3）掌握引线键合的材料体系与键合质量，并对其进行评价。

二、实验材料及设备

（1）金丝球焊机。

（2）铝丝焊线机。

（3）显微摄像系统。

（4）芯片。

（5）金丝线。

（6）铝丝线。

（7）基板。

三、实验原理

引线键合是采用加热、加压和超声等方式破坏被焊表面的氧化层和污染，产生塑性变形，使得引线与被焊表面紧密接触，达到原子间的引力范围并导致界面间原子扩散而形成焊合点。其机理是指键合所施加的压力使金球发生很大的塑性变形，其表面上的滑移线使洁净面呈阶梯状，并在薄膜上也切出相应的凹凸槽，表面的氧化膜被破坏，洁净面之间相互接触，发生扩散，产生了连接，如图 2-13 所示。

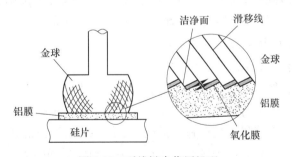

图 2-13　引线键合作用机理

在集成电路和电子器件的芯片与外部引线的连接方法中，引线键合是最主要和最通用的方法。集成电路封装中，芯片先固定于金属导线架上，再以引线键合工艺将细金属线依序与芯片及导线架完成接合。引线键合工艺中所用导电丝主要有金丝、铜丝和铝丝，它们是电子封装行业非常重要结构材料之一。引线键合工艺分为球形键合、楔形键合两种工艺，键合方式则有热压键合、热声键合和超声键合等。

常用的引线键合方式有三种：热压键合、超声键合和热声键合。

（一）热压键合

热压键合是利用加压和加热，使得金属丝与焊区接触面的原子间达到原子的引力范围，从而达到键合的目的，常用于金丝的键合。热压键合的焊头有楔形、针形和锥形几种。焊接压力一般为 50～150g/点，压焊时芯片与压焊头均要加热，约 150℃。通常当芯片加热达 300℃ 以上，容易使焊丝和焊区形成氧化层；同时，由于芯片加热温度高、压焊时间一长，容易损害芯片，也容易在高温（>200℃）下形成特殊的金属间化合物，影响焊点的可靠性。由于热压键合使金属丝的变形过大而受损，焊点的拉开力过小（<5g/点），因此热压键合的使用变得越来越少。

（二）超声键合

超声键合是利用超声波（60～120kHz）发生器使劈刀发生水平弹性振动，同时施加向下的压力。使得劈刀在这两种力作用下带动引线在焊区金属表面迅速摩擦，引线受能量作用发生塑性变形，在 25ms 内与键合区紧密接触而完成焊接。常用于 Al 丝的键合。键合点两端都是楔形。与热压键合相比，其能充分去除焊接界面的金属氧化层，可以提高焊接质量。焊接强度高于热压焊，可达 10g/点以上。超声焊不需要加热，可在常温下进行。因此，对芯片的损伤小，同时可以根据需要调整超声键合能量，改变键合条件来焊接不同直径的焊丝。

（三）热声键合

热声键合主要用于 Au 和 Cu 丝的键合。它也采用超声波能量，但是与超声焊不同点的是键合时要提供外加热源、键合丝线无需磨蚀掉表面氧化层。外加热量的目的是激活材料的能级，促进两种金属的有效连接以及金属间化合物（IMC）的扩散和生长。采用热声焊的球形键合技术是最具代表性的引线键合技术。球形键合技术的特点是操作方便、灵活且焊点牢固，压焊面积大，无方向性，故可实现高速自动化焊接。现代的金丝球键合焊机一般都带有超声功能，从而具有超声键合的优点，也称为热声焊。因此这种热声键合广泛用于各类集成电路的焊接中。焊接时衬底仍需要加热（一般为 100℃），压焊时加超声，因此加热温度远低于热压焊。所加的压力一般为 50g/点，与热压相同。

（四）几种键合技术的比较

迄今为止，对引线键合的原理及超声是通过什么方式影响键合的过程还没有一个统一的、完全有根据的理论。但可以确定的是超声键合的本质属于固态连接过程，但过程的原理尚不清楚。一般认为连接机理是将弹性机械振动能转换为摩擦能和形变能，在静压力的共同作用下表面氧化膜破碎，新生成的表面相互接近到原子间引力能够发生作用的距离，从而实现连接材料界面的冶金结合。但从文献看，超声键合过程温度的测量结果有很大的偏差，一般在 80～300℃ 之间。根据扩散定律计算表明，在此温度范围及 20～30ms 的时间内，固相界面发生的热扩散尚不足以导致达到冶金连接的程度。

几种键合技术的比较见表 2-6。

表 2-6　键合技术比较

键合类型	压力	温度/℃	超声能	引线材料	焊盘
热压键合	高	300～500	无	金、铜	铝、金、铜
超声键合	低	25	有	金、铝	铝、金、铜
热声键合	低	100～150	有	金、铝、铜	铝、金、铜

（五）键合工艺

1. 球形键合工艺

将键合引线平直插入毛细管劈刀的工具中，引线在电火花作用下受热熔成液态，由于表面张力的作用而形成球状，在视觉系统和精密控制下，劈刀下降使球接触晶片的键合区，对球加压，使球和焊盘金属形成冶金结合完成焊接过程，然后劈刀提起，沿着预定的轨道移动，称作弧形走线，到达第一个键合点（焊盘）时，利用压力和超声能量形成 H 牙式焊点，劈刀垂直运动截断金属丝的尾部，这样完成两次焊接和一个弧线循环，如图 2-14 所示。

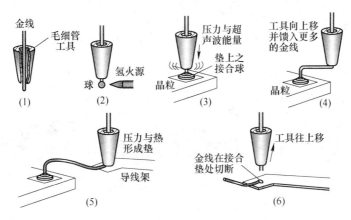

图 2-14　球形键合

2. 楔形键合工艺

图 2-15 是楔形键合的工艺过程。将金属丝穿入楔形劈刀背面的一个小孔，丝与晶片键合区平面呈 30°～60°。当楔形劈刀下降到焊盘键合区时，劈刀将金属丝压在焊区表面，采用超声或热声焊实现第一点的键合。然后，劈刀提起，沿着预定的轨道移动，到达第二待焊区时，下压劈刀，采用超声或热声焊实现第二点的键合。图 2-16 是球形键合和楔形键合的实物。

四、实验内容、方法和步骤

（1）调试。同时按下操纵盒的"操纵"键和机器右面板上的复位键 3s 以上，焊头架自动超程复位到最高位（原始位置），将准备焊接的线路板（PCB 板）平整地放在工件夹上，移动操纵盒，让钢嘴对准 PCB 板，然后按一下"操纵"键，完成工作高度的自动检测。

（2）一焊。根据自己的视力调节显微镜的位置，让双眼都能清楚地看到 PCB 板，移

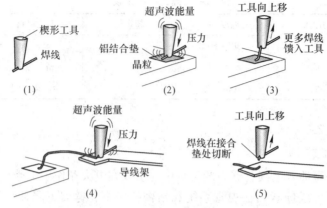

图 2-15   楔形键合工艺步骤

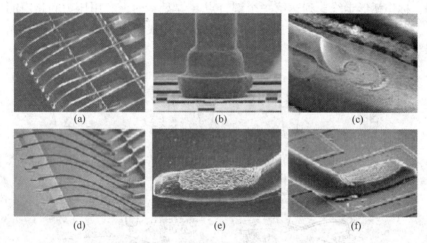

图 2-16   球形键合和楔形键合点

（a）球形键合照片；（b）球形键合的第一点；（c）球形键合的第二点；
（d）楔形键合照片；（e）楔形键合的第一点；（f）楔形键合的第二点

动操纵盒，使钢嘴对准 PCB 板的焊盘，按下操纵盒的"操纵"键，钢嘴下压，放开即完成一焊。可以看到 PCB 板上有焊点出现，也可以看到连着的丝线。

注意：操作时，按着"操纵"键不放移动操纵盒寻找合适的位置，放开后才发生焊接。

（3）二焊。在右面板的"高度""调整"旋钮可以调节引线的高度和跨度，移动操纵盒，使钢嘴对准 PCB 板的焊盘，按下操纵盒的"操纵"键，即完成二焊，可以观察到一根完整的引线在 PCB 板上。

（4）记忆功能的介绍。将开关切到"自动"，在一焊接后，机器会根据已设定的已焊跨距自动完成二焊。

（5）评估。对引线键合点进行测力分析。

五、实验注意事项

（1）一般注意事项：

1）根据实验试样，选择合适的劈刀。

2）保证工件及夹具清洗干净，真空室清洁，无夹杂物。

（2）实验中可能出现的问题：

1）键合点与实际焊盘偏离位置。

2）键合点未实现完全键合或发生脱落。

3）引线断裂或脱落。

六、实验结果整理与分析

（1）整理实验结果，填入表 2-7 中。

表 2-7　实验结果记录表

序号	键合压力	键合温度	键合时间	超声能的功率和频率	键合点成形情况
1					
2					
3					
4					
5					
6					
7					

（2）分析键合点处产生的缺陷类型。

（3）分析键合点缺陷的形成原因。

七、思考题

通过实验分析影响键合质量的因素以及不同引线键合工艺在工业中的应用范围。

实验 2-5　导电胶封装实验

一、实验目的

（1）掌握导电胶的组成和导电机理。
（2）了解 RFID 的相关知识。

二、实验材料及设备

（1）电焊台。
（2）RFID 阅读器。
（3）ACA 导电胶。
（4）天线。
（5）IC 芯片。

三、实验原理

（一）导电胶的组成

导电型胶黏剂，简称导电胶，是一种既能有效地胶接各种材料，又具有导电性能的胶黏剂。导电胶黏剂包括两大类分为各向同性导电胶（isotropic conductive adhesive，ICA）和各向异性导电胶（anisotropic conductive adhesives，ACA）。ICA 是指各个方向均导电的胶黏剂，而 ACA 则不一样，如 Z 轴 ACA 是指在 Z 方向导电的胶黏剂，而在 X 和 Y 方向则不导电，如图 2-17 所示。

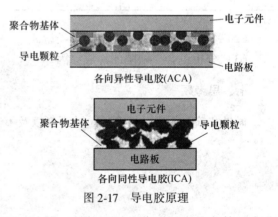

图 2-17　导电胶原理

导电胶按基体组成可分为结构型和填充型两大类。结构型是指作为导电胶基体的高分子材料本身即具有导电性的导电胶；填充型是指通常胶黏剂作为基体，而依靠添加导电性填料使胶液具有导电作用的导电胶。导电胶主要是由热固性的环氧树脂和导电粒子组成，环氧树脂是一种高聚物，具有黏弹性，在固化过程中由液态转变为固态，产生体积收缩，同时将会产生一定的应力从而使导电粒子接触形成导电通路。

由于导电胶的基体树脂是一种胶黏剂，可以选择适宜的固化温度进行粘接，如环氧树脂胶黏剂，可以在室温至 150℃固化，远低于锡铅焊接 200℃以上的焊接温度，这就避免了焊接高温可能导致的材料变形、电子器件的热损伤和内应力的形成。同时，由于电子元件的小型化、微型化及印刷电路板的高密度化和高度集成化的迅速发展，铅锡焊接的0.65mm 的最小节距远远满足不了导电连接的实际需求，而导电胶可以制成浆料，实现很高的分辨率。

（二）导电胶的导电机理

导电胶的导电作用通常被认为是通过两种形式实现的：一是通过导电填料间的直接接触产生传导；二是通过导体之间的电子跃迁，即隧道效应，产生导电。通常条件下，导电填料在聚合物基体中并不能形成完全的均匀分散，部分颗粒互相接触，形成链状导电通道。另一部分以孤立体或小团聚体的形式存在，不参与导电。但在电场作用下，相距很近的粒子上的电子，能借热振动越过势垒而形成较大的隧道电流。如果被粘接材料之间的导电胶层很薄，接近填料粒子尺寸，也可以直接通过粒子导电。

（三）固化过程

导电胶的固化分为热固化、光固化和光热双重化等方式。固化的实质是粘接剂发生固化反应，使胶体充分交联。例如环氧树脂的固化，就是使环氧树脂本身聚合而生成体形或网状结构产物。环氧分子可以和金属氧化物、陶瓷、玻璃等上的氧原子共享氢质子而形成氢键结合，增加其粘合力。对导电胶进行固化时，温度应缓慢升高。某些导电胶，如果要提高粘接强度，可采取加温加速固化，同时，要在其固化温度下预固化一定时间。为获得导电性能和老化性能的最佳匹配，导电胶的固化程度应该加以控制，固化程度太高或太低都无法得到最佳效果。

用于 SMT 时对导电胶的要求是在相对较高的温度下，在很短的时间内迅速固化。贴片胶的强度要求较低，一般 10MPa 左右即可，因为它只是起一个固定作用，结构强度主要由焊接来保证；而导电胶的强度则较高，应不小 15MPa 才能保证其可靠性，同时由于要求具有较低的体积电阻，必须加入较多的导电性填充材料，这对其强度降低也较多。

（四）应用领域

导电胶已广泛应用于液晶显示屏（LCD）、发光二极管（LED）、集成电路（IC）芯片、印刷线路板组件（PCBA）、点阵块、陶瓷电容、薄膜开关、智能卡、射频识别等电子元件和组件的封装和粘接，有逐步取代传统的锡焊焊接的趋势。

四、实验方法和步骤

（1）点胶放入芯片。在天线的回路缺口处点少量的 ACA 导电胶，然后在将芯片放到导电胶上。注意胶不要放入太多，芯片的四点分别位于天线缺口的两端。

（2）加热加压。将焊头加热到 200℃，对芯片施加一定的压力。时间 10~20s。

（3）检测。将制好的 RFID 标签放到阅读器工作区域，阅读器会自动搜索射频信号，检测电路是否通路，有信号阅读器会发出"滴滴"的报警声，电脑中也会显示出芯片的型号以及容量信息。

（4）应用。利用阅读器自带的软件可以对芯片进行数据写入和读取，完成简单的电子钱包的功能。

五、实验注意事项

（1）注意控制导电胶放入量，不宜过多。

（2）控制好加热加压参数，防止损坏电路。

六、实验结果整理与分析

（1）整理实验结果，填入表 2-8 中。

表 2-8　实验结果记录表

序号	加热温度	压力	作用时间	电路通电情况
1				
2				
3				
4				
5				

（2）分析加热加压参数对电路通电的影响。

七、实验思考题

通过实验简述影响导电胶封装的因素有哪些。

实验 2-6　BGA 返修实验

一、实验目的

（1）了解 BGA 返修台的组成原理和结构特点。
（2）了解 PCB 和元器件回流焊后缺陷的形成机理及特征。
（3）了解 BGA 封装器件的返修工艺。

二、实验材料及设备

（1）BGA 返修台。
（2）真空吸笔。
（3）带 BGA 芯片的线路板。
（4）隔热手套。
（5）镊子。

三、实验原理

　　球栅阵列封装，简称 BGA（Ball Grid Array Package），具有更小的体积和更好的散热性能和电性能。BGA 封装的 I/O 端口以圆形或柱状焊点按阵列形式分布在封装下面，BGA 技术的优点是 I/O 引脚数虽然增加了，但引脚间距并没有减小，反而增加了，从而提高了组装成品率；寄生参数（电流大幅度变化时，引起输出电压扰动）减小，信号传输延迟小，使用频率大大提高。BGA 一出现便成为 CPU、南北桥等 VLSI 芯片的高密度、高性能、多功能及高 I/O 引脚封装的最佳选择。

　　在 SMT 贴装生产的时候，会由于各种原因导致 BGA 芯片的焊接出现虚焊、假焊、连焊和空洞等现象。假焊和连焊在 SMT 后测试阶段会及时发现，但是虚焊和空洞等现象在现场是无法判断的，在经过运输震荡或者长时间使用之后才会出现接触不良等影响产品功能的现象。不管是现场发现或者之后发现的焊接问题对于产品来讲都是致命的问题，这个时候就需要利用 BGA 返修设备修复有问题的 BGA 芯片。这个修复过程就叫做 BGA 返修。

　　热风返修工作站采用一体化结构设计，针对不同尺寸的 BGA、QFP、CSP 等芯片进行返修工作。主要由加热系统、光学精密对位贴放系统、热风回流焊系统、软件控制系统等几部分组成。

（一）BGA 返修台加热原理

　　采用非常细的热气流聚集到表面组装器件（BGA 等）的引脚和焊盘上，使焊点融化或使焊膏回流，以完成拆卸或焊接功能。拆卸同时使用一个自动或者手动的带橡皮吸嘴的真空装置，当全部焊点熔化时，将 BGA 器件轻轻吸起来。热风 BGA 返修系统的热气流是通过可更换的各种不同规格尺寸热风喷嘴来实现的。由于热气流是从加热头四周出来的，因此不会损坏 BGA 以及基板或周围的元器件，可以比较容易地拆卸或焊接 BGA。为防止

PCB 翘曲，还要选择具有对 PCB 底部进行预热功能的返修系统。

BGA 返修台加热原理如图 2-18 所示。

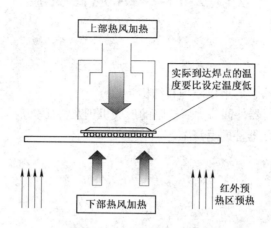

图 2-18　BGA 返修台加热原理

（二）BGA 返修台光学对位原理

由于 BGA 的焊点在器件底部，是看不见的，因此重新焊接 BGA 时要求返修系统配有光学对位系统（称为分光视觉系统或底部反射光学系统），以保证贴装 BGA 时能精确对中。

（1）光学对位代表机型 RM-1080 结构如图 2-19 所示。

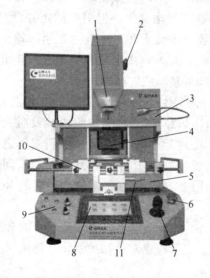

图 2-19　RM-1080 型返修台

1—上加热头与吸笔组件；2—吸嘴的方向角 θ 控制旋钮；3—热电偶插座；4—高清晰光学棱镜成像系统；5—预热区组件；6—急停按钮；7—摇杆（前后摇动控制上加热头；左右摇动控制图像放大缩小；旋转控制相机聚焦）；8—真彩工业触摸屏（支持中英文界面）；9—相机控制按钮组；10—电路板夹持移动组件；11—X 轴和 Y 轴微调旋钮（可使板件支架左右前后微调；在锁定导轨后再进行微调）

（2）光学对位代表机型 RM-1080 主界面（见图 2-20）：

1）曲线选择区：位于屏幕左上角，选择加热要使用的温度曲线。

2）主控按钮区：位于屏幕右边，在这里可以开始/停止加热等。

3）功能模块区：由 5 个功能模块组成：

① 实时温度：监视上温区、下温区、预热区、焊点 1、焊点 2 的实时温度等。

② 温度曲线设置：用来观察和调整当前温度曲线内容的具体设置。

③ 智能生成曲线：如果您不知道焊料的熔点，可以用此功能逐次加温或延长时间来找到焊料的熔点，并智能生成相应的曲线。

④ 曲线分析：当加热完成后，可分析回流曲线各段的时间和斜率。

⑤ 报警信息：如果设备异常，此模块中可现实相应异常的内容。

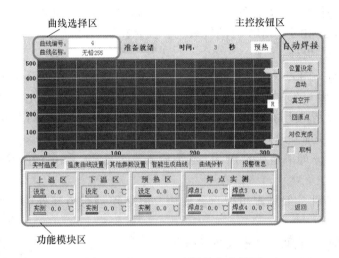

图 2-20 RM-1080 型返修台主界面

（3）光学精密对位贴放系统：

1）高精密直线导轨和精密旋转平台实现 X-Y-Z 和贴装吸嘴 φ 角度（360°旋转）四维精密调整。

2）由 CCD 摄像机、光学器件及采用柔光双色分光技术（已申请专利）的光源等组成精密光学贴装系统，可直观察并实现 PCB 线路板焊盘与贴片元件管脚重合，对位科学精准，操控简单，贴放自如。

3）高清晰度 CCD 摄像机提供 PAL 和 VGA 双路输出信号，具有放大、微调、自动对焦、软件操作功能，30X 光学变焦，清晰将 BGA 芯片和 PCB 成像在显示器上。

（三）软件控制系统

（1）精密焊接系统由计算机软件自动控制拆焊和焊接过程，在电脑中可存储无数条根据具体要求设置不同的焊接工艺曲线和返修曲线。

（2）每条工艺曲线可实现 40 个温度点的曲线模拟（40 段温度曲线控制），最大限度地提高焊接质量。同时采用两个测温探头，其中一个用于加热区内测温和控制，另一个可粘于被焊元件测量其实际温度，便于修正加热区内的温度数值。

（3）焊接时自动生成回流焊接温度曲线，并保存在计算机中，可随时调用。液晶显示屏可实时显示温度曲线。同时显示两组温度参数值及工作时间。

四、实验内容、方法和步骤

（1）拆卸 BGA。

1）打开精密焊接系统电脑控制系统。

2）根据被拆焊的芯片尺寸，选择并安装合适的热风喷嘴。

3）设定合适的拆焊曲线。

4）贴片拆卸：①点击按钮，系统自动移动工作台至拆焊区，此时按钮会变成"自动加热"字样，确定元器件的拆焊位置，将热风嘴调整好高度，点击"加热"；②系统启动温控仪，开始自动加热，至焊点融化后手动使用真空吸笔将元器件拔起，完成拆焊功能。

5）焊点锡料清理。采用电烙铁和锡线对芯片和焊盘表面残留的锡料进行清理干净。

（2）去潮处理。由于 PBGA 对潮气敏感，因此在组装之前要检查器件是否受潮，对受潮的器件进行去潮处理。

（3）印刷焊膏。因为表面组装板上已经装有其他元器件，因此必须采用 BGA 专用小模板，模板厚度与开口尺寸要根据球径和球距确定，印刷完毕后必须检查印刷质量，如不合格，必须将 PCB 清洗干净并晾干后重新印刷。对于球距为 0.4mm 以下的 CSP，可以不印焊膏，因此不需要加工返修用的模板，直接在 PCB 的焊盘上涂刷膏状助焊剂。

（4）贴装 BGA。如果是新的 BGA，必须检查是否受潮，如果已经受潮，应进行去潮处理后再贴装。

拆下的 BGA 器件一般情况可以重复使用，但必须进行植球处理后才能使用。贴装 BGA 器件的步骤如下：

1）将印好焊膏的表面组装板放在工作台上。

2）选择适当的吸嘴，打开真空泵。将 BGA 器件吸起来，BGA 器件底部与 PCB 焊盘完全重合后将吸嘴向下移动，把 BGA 器件贴装到 PCB 上，然后关闭真空泵。

（5）再流焊接。设置焊接温度可根据器件的尺寸，PCB 的厚度等具体情况设置，BGA 的焊接温度与传统 SMT 相比，要高出 15℃左右。

（6）检验。BGA 的焊接质量检验需要 X 光或超声波检查设备，在没有检查设备的情况下，可通过功能测试判断焊接质量，也可凭经验进行检查。

五、实验注意事项

（1）一般注意事项。

1）选择好合适尺寸的热风喷嘴，防止加热过程中损坏周边器件。

2）保证热风喷嘴与被加热工件合适的距离。

3）设置合理的加热温度曲线。

（2）实验中可能出现的问题。

1）芯片被加热多次仍无法被拆卸出来。

2）周边器件受热过度而被损坏。

六、实验结果整理与分析

（1）整理实验结果，填入表 2-9 中，分析表中的数据。

表 2-9 实验结果记录表

序号	加热温度	加热时间	加热距离	加热次数	芯片拆卸情况
1					
2					
3					
4					
5					
6					

（2）描述不同加热条件下芯片被拆卸的情况。

七、实验思考题

（1）简述可能导致产品返修的因素并提出预防和解决的办法。

（2）BGA 芯片拆卸工艺曲线如何确定？

实验 2-7　BGA 植球实验

一、实验目的

（1）了解 BGA 封装中的 BGA 植球的基本方法，掌握 BGA 模板植球工艺技术。

（2）了解回流工艺及加热因子对焊点强度的影响。

二、实验材料及设备

（1）BGA 植球台。

（2）台式回流焊机。

（3）返修工作站。

（4）PCB 线路板。

（5）芯片。

（6）焊锡球。

（7）钢网。

（8）助焊剂。

三、实验原理

高密度、高集成度的电子器件的封装，均要求采用面阵列的封装形式。对于芯片级封装来说面阵列封装形式就是倒装芯片封装，而元器件封装则广泛采用了球栅阵列封装（BGA 封装）。

BGA 植球即为球栅阵列封装技术。该技术的出现便成为 CPU、主板南、北桥芯片等高密度、高性能、多引脚封装的最佳选择。目前植球方法很多，比如：

（1）采用植球器法。如果有植球器，选择一块与 BGA 焊盘匹配的模板，模板的开口尺寸应比焊球直径大 0.05~0.1mm，将焊球均匀地撒在模板上，摇晃植球器，把多余的焊球从模板上滚到植球的焊球收集槽中，使模板表面恰好每个漏孔中保留一个焊球。

把植球器放置在工作台上，把印好助焊剂或焊膏的 BGA 器件吸在吸嘴上，按照贴装 BGA 的方法进行对准，将吸嘴向下移动，把 BGA 器件贴装到植球器模板表面的焊球上，然后将 BGA 器件吸起来，借助助焊剂或焊膏的黏性将焊球粘在 BGA 器件相应的焊盘上。用镊子夹住 BGA 器件的外边框，关闭真空泵，将 BGA 器件的焊球面向上放置在工作台上，检查有无缺少焊球的地方，若有，用镊子补齐。

（2）采用模板法。把印好助焊剂或焊膏的 BGA 器件放置在工作台上，助焊剂或焊膏面向上。准备一块 BGA 焊盘匹配的模板，模板的开口尺寸应比焊球直径大 0.05~0.1mm，把模板四周用垫块架高，放置在印好助焊剂或焊膏的 BGA 器件上方，使模板与 BGA 之间的距离等于或略小于焊球的直径，在显微镜下对准。将焊球均匀地撒在模板上，把多余的焊球用镊子拨（取）下来，使模板表面恰好每个漏孔中保留一个焊球。移开模板，检查并补齐。

（3）手工贴装。把印好助焊剂或焊膏的 BGA 器件放置在工作台上，助焊剂或焊膏面向上。如同贴片一样用镊子或吸笔将焊球逐个放好。

（4）刷适量焊膏法。加工模板时，将模板厚度加厚，并略放大模板的开口尺寸，将焊膏直接印刷在 BGA 的焊盘上。由于表面张力的作用，再流焊后形成焊料球。

四、实验内容、方法及步骤

（1）去除 BGA 底部焊盘上的残留焊锡并清洗，如图 2-21 所示。用烙铁将 PCB 焊盘残留的焊锡清理干净、平整，可采用拆焊编织带和扁铲形烙铁头进行清理，操作时注意不要损坏焊盘和阻焊膜。

对于拆下的 IC，建议不要将表面的焊锡清除（只清除锡点过大而影响与植锡钢板配合的焊锡），如果某处焊锡过大，采用烙铁清除，然后用水洗净。

图 2-21　IC 清洁

（2）在 BGA 底部焊盘上印刷助焊剂。将 BGA 的 IC 对准下模基台板，在固定槽内贴牢/平整，IC 对准后，把上模植锡板与下模基台对好贴上并按牢不动，用平口刀挑适量锡膏到植锡板上，用力往下刮，使锡浆均匀填充至上锡板的小孔中，拆除上模植锡板用镊子取出 BGA，如图 2-22 所示。

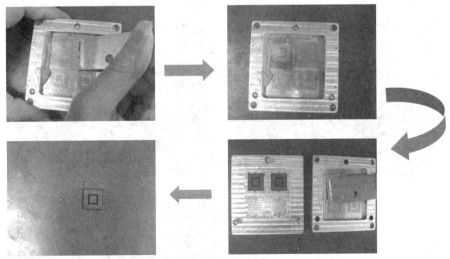

图 2-22　上锡膏

一般情况采用的高黏度助焊剂起到粘接和助焊作用，应保证印刷后助焊剂图形清晰、不漫流。有时也可以采用焊膏代替，采用焊膏时，焊膏的金属组分应与焊球的金属组分相匹配。印刷时采用 BGA 专用小模板，模板厚度与开口尺寸要根据球径和球距确定，印刷完毕必须检查印刷质量，如不合格，必须清洗后重新印刷。

（3）选择焊球。选择焊球时，要考虑焊球的材料和球径的尺寸。目前 PBGA 焊球的焊膏材料一般都是 63Sn/37Pb，与目前再流焊使用的材料是一致的。因此，必须选择与 BGA 器件焊球材料一致的焊球。

焊球尺寸的选择也很重要，如果使用高黏度助焊剂，应选择与 BGA 器件焊球相同直径的焊球；如果使用焊膏，应选择比 BGA 器件焊球直径小一些的焊球。

（4）植球。采用植球器法在涂好焊膏的基板上植球，具体如图 2-23 所示。

用小毛刷粘一点BGA助焊膏，要买好一点的，烂的比较容易造成连球(跑球)

将芯片固定放置在植球座上，尽量靠近植球底座中心的位置

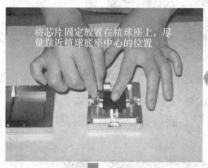

在BGA芯片焊盘上面薄薄地涂抹一层助焊膏请注意涂抹少许即可，否则在回焊的时候容易造成连球

将涂抹助焊膏后的芯片放入植球座，盖上上盖，注意搞错芯片方向就麻烦了

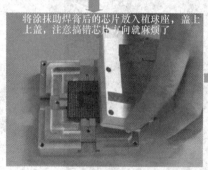

轻轻摇动植球座，让球粘接在芯片焊盘上，再检查看是否有漏球，完成后将植球座倾斜把球收起来，上盖有专门放置多余锡球位

检查植球情况，是否有漏植，完成后取下芯片，过回流焊加热，让球和芯片引脚焊在一起

图 2-23　植球器法

（5）再流焊接。设定焊接工艺参数，进行再流焊处理，焊球就固定在 BGA 器件上了。

（6）焊接后。完成植球工艺后，应将 BGA 器件清洗干净，并尽快进行贴装和焊接，以防焊球氧化和器件受潮。

五、实验注意事项

（1）一般注意事项。

1）确保焊盘和芯片上的锡料被清除干净。

2）保证锡球与焊盘位置对准。

（2）实验中可能出现的问题。

1）锡球偏离焊点位置。

2）锡球与芯片、焊盘未完全焊上。

六、实验结果整理与分析

（1）整理实验结果，填入表 2-10 中。

表 2-10　实验结果记录表

序号	焊膏与助焊剂	基板	焊球	回流温度	植球情况
1					
2					
3					
4					
5					
6					

（2）分析植球工艺对植球质量的影响规律。

七、思考题

简述 BGA 植球实验原理，分析回流工艺及加热因子对植球强度的影响。

3 电子封装结构设计实验

实验 3-1　电路板制造工艺

一、实验目的

（1）掌握印制电路的基础知识，了解印制电路板的基本制造方法。

（2）设计印制电路板。

（3）掌握印制电路板制作工艺，制作印制电路板。

二、实验材料及设备

（1）STR-CBJ 线路板裁板机。

（2）STR-FII 环保型快速制板系统。

（3）手动绿油机。

（4）线路板烘下箱。

（5）毛刷。

（6）塑胶平底浅盆。

（7）显影液。

（8）蚀刻液。

（9）感光绿油。

（10）感光线路板。

三、实验原理

印制电路板（printed circuit board，PCB）是电子元器件的载体和实现电器互连的基板。PCB 的功能为提供完成第一层级结构的组件与其他必需的电子电路零件接合的基地，以组成一个具有特定功能的模块或成品。PCB 在整个电子产品中，扮演了整合连结所有功能的角色。因此，常常电子产品功能出现故障时，最先被质疑的往往就是 PCB。

（一）PCB 种类及制法

（1）PCB 的种类。在材料、层次以及制程上的多样化以适合不同的电子产品及其特殊需求。PCB 种类以材质分有：有机材质酚醛树脂、玻璃纤维/环氧树脂，无机材质、铝、覆铜板、陶瓷；以结构分单面板、双面板、多层板。

（2）制造方法介绍。

1）减除法；

2）加成法，又可分半加成法与全加成法。

（二）印制电路板生产制造过程

印制板的制造工艺发展很快，不同类型和不同要求的印制板要采用不同的制造工艺，但在这些不同的工艺流程中，有许多必不可少的基本环节是类似的。

1. 底图胶片制版

在印制板的生产过程中，无论采用什么方法都需要使用符合质量要求的 1∶1 的底图胶片（也称原版底片，在生产时还要把它翻拍成生产底片）。获得底图胶片通常有两种基本途径：一种是利用计算机辅助设计系统和光学绘图机连接绘制出来；另一种是先绘制黑白底图，再经过照相制版得到。

（1）CAD 光绘法。就是应用 CAD 软件布线后，把获得的数据文件用来驱动光学绘图机，使感光胶片曝光，经过暗室操作制成原版底片。CAD 光绘法制作的底图照片精度高、质量好，但需要比较昂贵、复杂的设备和一定水平的技术人员进行操作，所以成本较高，这也是 CAD 光绘法至今不能迅速取代照相制版法的主要原因。

（2）照相制版法。达到印制板的设计尺寸用绘制好的黑白底图照相制版，版面尺寸通过调整相机的焦距确认，相版要求反差大、无砂眼。整个制版过程与普通照相大体相同，具体过程不再详述。

2. 图形转移

把相版上的印制电路图形转移到覆铜板上，称为图形转移。具体方法有丝网漏印、光化学法等。

（1）丝网漏印法。用丝网漏印法在覆铜板上印制电路图形，与油印机在纸上印刷文字相类似。在丝网上涂敷、粘附一层漆膜或胶膜，然后按照技术要求将印制电路图制成镂空图形（相当于油印中蜡纸上的字形）。现在，漆膜丝网已被感光膜丝网或感光胶丝网取代。经过贴膜（制膜）、曝光、显影、去膜等工艺过程，即可制成用于漏印的电路图形丝网。漏印时，只需将覆铜板在底座上定位，使丝网与覆铜板直接接触，将印料倒入固定丝网的框内，用橡皮刮板刮压印料，即可在覆铜板上形成印料组成的图形。漏印后需要烘干、修版。

（2）直接感光法。直接感光法适用于品种多、批量小的印制电路板生产，它的尺寸精度高，工艺简单，对单面板或双面板都能应用。直接感光法的主要工艺流程如下：

1）表面处理。用有机溶剂去除覆铜板表面上的油脂等有机污物，用酸去除氧化层。通过表面处理，可以使感光胶在覆铜板表面牢固地粘附。

2）上胶。在覆铜板表面涂覆一层可以感光的液体材料（感光胶）。上感光胶的方法有离心式甩胶、手工涂覆、滚涂、没蘸、喷涂等。无论采用哪种方法，都应该使胶膜厚度均匀，否则会影响曝光效果。此外，胶膜还必须在一定的温度下烘干。

3）曝光（版）。将照相底版置于上胶烘烤后的覆铜板上，置于光源下曝光。光线通过相版，使感光胶发生化学反应，引起胶膜理化性能的变化。曝光时，应该注意相版与覆铜板的定位，特别是双面印制板，定位更要严格，否则两面图形将不能吻合。

4）显影。曝光后的板在显影液中显影后，再放入染色溶液中，将感光部分的胶膜染色硬化，显示出印制板图形，便于检查线路是否完整，为下一步修版提供方便。未感光部分的胶膜可以在温水中溶解、脱落。

5）固膜。显影后的感光胶并不牢固，容易脱落，应使之固化，即将染色后的板浸入固膜液中停留一定时间。然后用水清洗并置于 100~120℃ 的恒温烘箱内烘 30~60min，使感光膜进一步得到强化。

6）修版。固膜后的板应在化学蚀刻前进行修版，以便修正图形上的粘连、毛刺、断线、砂眼等缺陷，修补所用材料必须耐腐蚀。

（3）光敏干膜法。这也是一种光化学法，但感光材料不是液体感光胶，而是一种由聚酯薄膜、感光胶膜、聚乙烯薄膜三层材料组成的薄膜类光敏干膜。干膜的使用方法如下：

1）覆铜板表面处理。清除表面油污，以便干膜可以牢固地粘贴在板上。

2）贴膜。揭掉聚乙烯保护膜，把感光胶膜贴在覆铜板上，一般使用滚筒式贴膜机。

3）曝光。将相版按定位孔的位置准确置于贴膜后的覆铜板上进行曝光，曝光时应控制光源强弱、曝光时间和温度。

4）显影。曝光后，先揭去感光胶膜上的聚酯薄膜，再把板没入显影液中，显影后去除板表面的残胶。显影时，也要控制显影液的浓度、温度及显影时间。

3. 孔金属化与金属涂覆

（1）孔金属化双面印制板两面的导线或焊盘需要连通时，可以通过金属化孔实现。即把铜沉积在贯通两面导线或焊盘的孔壁上，使原来非金属的孔壁金属化。金属化了的孔称为金属化孔。在双面和多层印制电路板的制造过程中，孔金属化是一道必不可少的工序。

孔金属化基本步骤是：先使孔壁上沉淀一层催化剂金属作为在化学镀铜中铜沉淀的结晶核心，然后浸入化学镀铜溶液中。化学镀铜可使印制板表面和孔壁上产生一层很薄的铜，这层铜不仅薄而且附着力差，一擦即掉，因而只能起到导电的作用。化学镀铜以后，进行电镀铜，使孔壁的铜层加厚并附着牢固。

孔金属化的方法很多，它与整个双面板的制作工艺相关。大体上，有板面电镀法、图形电镀法、反镀漆膜法、堵孔法、漆膜法等。但无论采用哪种方法，在孔金属化过程中都需要下列各个环节：钻孔、孔壁处理、化学沉铜、电镀铜加厚。

（2）金属涂覆。为提高印制电路的导电、焊接、耐磨、装饰性能，延长印制板的使用寿命，提高电气连接的可靠性，可以在印制板图形铜箔上涂覆一层金属。金属镀层的材料有金、银、锡、铅锡合金等。涂覆方法可用电镀或化学镀两种。

电镀法可使镀层致密、牢固、厚度均匀可控，但设备复杂、成本高。此法用于要求高的印制板和镀层，如插头部分镀金等。

四、实验内容、方法及步骤

（一）单面板的制作

（1）图形设计输出。利用 PROTEL 或其他 PCB 设计软件进行线路图设计，将设计好的线路板图形通过打印机打印出来。

（2）选板。选择与线路图大小相符的光印板，将光印板取出，利用 STR-CBJ 线路板裁板机，并可根据裁板机上的精确刻度进行裁切。

（3）曝光。打开抽屉式曝光系统，将光印板置于真空夹之玻璃上，并与吸气口保持 10cm 以上的距离，然后在光印板上放置图稿，图稿正面贴于光印板之上，如为双面板，请将两张原稿对正后将左右两边用胶带贴住，再将光印板插入原稿中，然后压紧真空夹板手，以确保真空。打开电源开关，显示屏出现功能字幕。

1）按"▓"键，选择您所要的功能，如：上曝光灯、下曝光灯。

2）按"▓""▓""▬"来选择功能的开启与关闭，及曝光时间的调整。

3）设置好所要的功能后，按"▓"键，回到主屏幕。

4）按"▓"键，开始曝光，警报声响起后，说明已曝光完成，按任一键返回。

设置参数功能选择：上曝光灯：开；下曝光灯：开；抽真空泵：开；曝光时间：硫酸纸图稿为 60~90s；普通 A4 复印纸图稿为 150~190s。

注意：避免于 30cm 以内直视灯光，如有需要请戴太阳眼镜保护。电脑绘图、COPY，或照相底片以反向（绘图面与光印膜而接触）为佳。

（4）显影操作方法。将上述曝光好的线路板，放入显影机的显影液内，约 1~3s 钟可见绿色光印墨微粒散开，直至线路全部清晰可见且不再有微粒冒起为止，总时间约为 5~20s，否则即为显影液过浓或过稀及曝光时间长短影响，以清水冲洗干净即可热风吹干，进入下一步蚀刻工艺。

（5）蚀刻操作方法。把显像完成的光印板用塑料夹夹住，放入蚀刻槽内完全蚀刻好，全程只需 6~8min，取出用清水洗净，如果要把光印板上的绿色保护层去除，只需用酒精轻轻擦拭即可，或直接放入显影液中也可。

（二）双面板制作

制作双面板时，双面光印板的曝光、显影、蚀刻操作步骤与单面板一致，蚀刻好后再进行防镀、钻孔及过孔前处理，然后化学镀通孔。

（三）手动绿油工艺流程制作介绍

1. 线路板焊盘图形打印输出

通过 PROTEL 软件或名其他印制板设计软件打开即将制作的 PCB 图，然后打开 PROTEL 中 FLE-PRINTPREVIEW 后，再选择 TOOLS-CREATE FINAL，即可看到已设计好的线路板底/顶层图形，如图 3-1 所示。图 3-1 中可看到 Browse PCBPrint 菜单，选择所需打印的焊盘图形，如果制作单面板，可直接选择 TopSold or Mask Print；如果制作双面板除选 Top Sold or Mask Prin 外，还需选择 Bottom Soldor Mask Print 层。

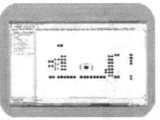

图 3-1　软件设计的 PCB 板

选好所要的图层，通过喷型打印机或激光打印机打印出图纸，图纸选用光印纸即可，菲林纸效果更佳，但必须保持 PCB 焊盘的完整性、清晰度。

2. 手动绿油机使用方法

（1）绿油调墨。将感光防焊油硬化剂和感光防焊油墨打开，倒入塑料容器中，具体的倒入量按要制作的板子面积来衡量，倒入后用塑料条搅拌均匀，如图 3-2 所示。

两瓶油墨的调配比例为 3∶1，即：感光防焊油墨 75%；感光防焊油硬化剂 25%。

图 3-2　绿油调墨

（2）手动绿油定位及丝网印刷。将手动绿油丝印机 STR-SYJA 上层的铅框丝网抬起，把已蚀刻好的线路板放置于丝网下，调好手动丝印位置，盖上丝网（见图 3-3），然后将调配好的油墨倒少量到丝网上，可根据板子的面积大小来判断量，位置最好将板子左边对应到丝网位置上，用硅胶刮板刀从左到右依次顺序进行印刷。

图 3-3　手动丝网印刷油墨

（3）取出已印刷好的线路板。将手动绿油丝印机上的进口铝框丝网抬起，把印刷好的线路板从中拿出，拿出时可以直接用手。这时板子的单面已经印刷完成，如果只是制作单面板，印刷油墨就已经完成，如果是制作双面板，需要把单面印刷好的板烘干完成后，再进行另外一面的印刷，如图 3-4 所示。

图 3-4　线路板制作

（4）线路板烘干。放入专用烘干箱，烘干后拿出。

单面绿油板烘干时间：60~70℃，15~20min；

双面绿油板烘干时间：60~70℃，20~30min。

（5）绿油阻焊盘曝光。和 PCB 板曝光操作一样，曝光时间为 300~600s。

（6）显影。把曝光好的绿油线路板用专用塑料夹子夹住，放入到 STR-FIL 设备显影槽中进行显影，显影过程约 2~3min，或观察绿油焊盘表皮脱落情况，视实际操作情况可将线路板取出用毛刷清理。如显影完成后，只需用毛刷清理即可。如果毛刷无法清理时，可以将线路板重新再放入到显影槽中，再进行显影，直到可用毛刷进行清理为止，毛刷清理时轮刷焊盘。

五、实验注意事项

（1）控制好两瓶油墨的调配比例。

（2）丝网距板子的高度须 2~3mm。

（3）油墨要刷均匀，以免影响烘干时间。

（4）为防止割破丝网，请不要使用钢制刮刀。

（5）为避免丝印机大面积沾到油墨，可在板子边上放置一些报纸或薄的废纸，上完油墨后直接丢弃即可，使丝印机保持干净，省却清洗麻烦。

六、实验结果整理与分析

（1）整理实验结果，填入表 3-1 中。

表 3-1　实验结果记录表

序号	油墨配比	高度	刮刀压力	烘干时间	电路板制作质量情况
1					
2					
3					
4					
5					
6					
7					
8					

（2）分析丝网距板子的高度、刮刀压力对电路板制作质量的影响规律。

七、思考题

影响印刷电路板质量的主要因素有哪些？

实验 3-2 数字电路功能测量

一、实验目的

（1）了解与非门的工作原理。

（2）验证与非门的真值表。

（3）测量与非门的噪声容限。

（4）验证基本门电路的逻辑功能。

（5）了解控制门的控制作用。

二、实验材料及设备

（1）数字万用表。

（2）器件：74LS00 二输入端四"与非"门 2 片、4LS20 四输入端二"与非"门 1 片、74LS86 二输入端四"异或"门 1 片。

三、实验原理

研究三输入与非门的电路特性。三输入与非门的实验电路如下，K1、K2 和 K3 选择三个输入端的状态，D1、D2 和 D3 用于指示三个输入端的状态。D4 用于指示输出端的状态。亮表示"1"，灭表示"0"。电路图如图 3-5 所示。

实际实验板上的开关用跳线实现，跳线帽可以拔掉，也可以插上，插上时有两种状态：分别将输入端跟电源或地连接，实现"1""0"的逻辑。当跳线帽拔掉时，是高阻状态，这时输入端可以从外部引入方波信号来进行更复杂的实验。

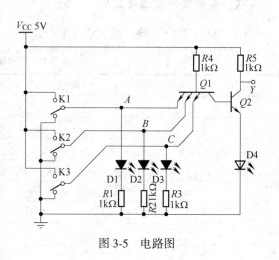

图 3-5 电路图

四、实验内容、方法及步骤

（一）测试与非门的逻辑功能

（1）按表 3-2 中的内容进行实验，记录输出值，验证与非门表达式 $Y=A*B*C$。

表 3-2 输出值结果统计

序号	A	B	C	Y
1	1	1	0	
2	1	1	1	

续表 3-2

序号	A	B	C	Y
3	悬空	悬空	0	
4	悬空	悬空	1	

（2）令 $B=C=1$，A 接外来信号，用双踪示波器同时观测 A 与 Y 两点的波形，绘出波形图，观察二者的差异。

1）A 接方波信号。

2）A 接三角波信号。

3）令 $C=1$，A 接三角波信号，B 接方波信号，用双踪示波器观测波形，绘出波形图。

（二）测试或非门的逻辑功能

（1）将 74LS02 插入数字电路实验箱的一个 14 脚 I_c 插座，如图 3-6 所示，任选一或非门，输入端分别接逻辑电平输出插孔，由对应的逻辑电平控制开关置高电平"1"或低电平"0"。输出端接至 LED 电平显示的输入插孔。当或非门输出高电平时 LED 亮，低电平时 LED 灭。

（2）输入端 A、B 脚分别置为表 3-3 所列状态时，读出输出端的状态，填入表 3-3。

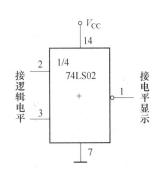

图 3-6 数值电路实验箱示意图

表 3-3 输入端 A、B 脚状态

A	B	LED	逻辑状态
0	0		
0	1		
1	0		
1	1		

（3）按图 3-7 接线，在输入端 A 送入 1Hz 连续脉冲，输入端 B 接逻辑电平。置输入端 B 分别为高电平和低电平，观察输出端的对应逻辑变化，把状态填入表 3-4。

（三）测试与或非门的逻辑功能

（1）将 74LS51 插入实验箱的一个 14 脚 I_c 插座。输入端 2、3、4、5 引脚分别连接到四个逻辑电平的输出插孔，输出端 6 接电平显示输入插孔，由 LED 显示输出状态的变化。

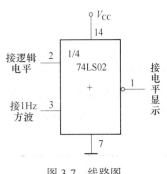

图 3-7 线路图

（2）输入端 A、B、C、D 分别置为表 3-5 所列状态，将输出端 Y 显示的状态填入表 3-5 内。注意观察 $A=B=0$ 及 $A=B=1$ 时输出端 Y 的状态。

表 3-4　输出端的逻辑变化

A	B	LED	逻辑状态
	0		
	1		

表 3-5　输出端 Y 显示的状态

A	B	C	D	LED	逻辑状态
0	0	0	0		
0	0	0	1		
0	0	1	0		
0	0	0	1		
0	1	0	1		
1	0	1	0		
1	1	0	0		
1	1	0	1		
1	1	1	0		
1	1	1	1		

（四）测试异或门的逻辑功能

（1）将 74LS86 插入实验箱的一个 14 脚 I_c 插座，任选一异或门，输入端分别接逻辑电平输出插孔，由对应的逻辑电平控制开关置高电平"1"或低电平"0"，异或门的输出端接至 LED 电平显示的输入插孔。当异或门输出高电平时 LED 亮，低电平时 LED 灭。

（2）输入端分别置为表 3-6 所列状态时，读出输出端的状态，填入表 3-6 内。

表 3-6　输出端状态

A	B	LED	逻辑状态
0	0		
0	1		
1	0		
1	1		

（3）输入端 A 送入 1Hz 连续脉冲，输入端 B 接逻辑电平。置输入端 B 分别为高电平和低电平，观察输出端的对应逻辑变化，把状态填入表 3-7 内。

表 3-7　输出端的对应逻辑变化

A	B	LED	逻辑状态
	0		
	1		

五、实验注意事项

（1）实际实验板上的开关用跳线实现，跳线帽可以拔掉，也可以插上，插上时有两种状态，分别将输入端跟电源或地连接，实现"1""0"的逻辑。

（2）注意输入端的插线位置，判断各功能实验。

（3）注意高压用电安全。

六、实验结果整理与分析

（1）整理实验结果，填入上述实验记录表 3-2～表 3-6 中。

（2）分析与非门、或非门、与或非门、异或门的逻辑功能差异。

七、思考题

（1）如何改善门电路的时延特性？

（2）用 Pspice 仿真该与非门。

实验 3-3　使用 L-edit 进行集成电路的设计

一、实验目的

（1）熟悉 L-edit 的使用。
（2）了解集成电路设计制造的工艺流程。
（3）掌握用 L-edit 进行集成电路设计的方法。

二、实验设备及材料

（1）L-edit 软件。
（2）设计工作台。

三、实验原理

集成电路设计（integrated circuit design，IC design），亦可称之为超大规模集成电路设计（VLSI design），是指以集成电路、超大规模集成电路为目标的设计流程。集成电路设计涉及对电子器件（例如晶体管、电阻器、电容器等）、器件间互连线模型的建立。所有的器件和互连线都需安置在一块半导体衬底材料之上，这些组件通过半导体器件制造工艺（例如光刻等）安置在单一的硅衬底上，从而形成电路。

集成电路设计包括逻辑设计（或功能设计）、电路设计、版图设计和工艺设计。设计的途径主要为正向设计和逆向设计。正向设计是指由电路指标、功能出发，进行逻辑设计（子系统设计），再由逻辑图进行电路设计，最后由电路进行版图设计，同时还要进行工艺设计。逆向设计又称解剖分析，其作用在于仿制，可获取先进的集成电路设计和制造的秘密。无论正向还是逆向设计，在由产品提出电路图和逻辑关系后，都是进行版图设计。版图是集成电路设计的最后阶段的产物。版图设计就是按照线路的要求和一定的工艺参数，设计出元件的图形并排列互连，以设计出一套供 IC 制造工艺中使用的光刻掩模版的图形，称为版图或工艺复合图。在版图设计中要遵守版图设计规则。所谓版图设计规则，是指为了保证电路的功能和一定的成品率而提出的一组最小尺寸，如最小线宽、最小可开孔、线条之间的最小间距、最小套刻间距等。只要遵守版图设计规则，所设计出的版图就能保证生产出具有一定合格率的合格产品。另外，设计规则是设计者和电路生产厂家之间的接口，由于各厂家的设备和工艺水平不同，因此各厂家所提供给设计者的设计规则也是不同的。设计者只有根据厂家所提供的设计规则进行版图设计，所设计出的版图才能在该厂家生产出具有一定成品率的合格产品。

通常可把版图设计规则分为两种类型：第一类叫做"自由格式"，目前一般双极型集成电路的研制和生产，通常采用这类设计规则，在这类规则中，每个被规定的尺寸之间，没有必然的比例关系。这种方法的好处是各尺寸可相对独立地选择。可以把每个尺寸定得更合理，所以电路性能好，芯片尺寸小。缺点是对于一个设计级别，就要有一整套数字，而不能按比例放大、缩小。第二类叫做"规整格式"。在这类规则中，把绝大多数尺寸规

定为某一特征尺寸 λ 的某个倍数。这样一来，就可使整个设计规则简化。规整格式的好处是设计规则简化了，对于不同的设计级别，只要代入相应的 λ 值即可，有利于版图的计算机辅助设计。不足之处是，有时增加了工艺难度，有时浪费了部分芯片面积，而且电路性能也不如自由格式。

版图设计总的原则是既要充分利用硅片面积，又要在工艺条件允许的限度内尽可能提高成品率。版图面积（包括压焊点在内）尽可能小接近方形，以减小每个电路实际占有面积。生产实践表明，当芯片面积降低 10%，则每个大圆片上的管芯成品率可以提高 15%～20%。版图设计时所应遵循的一般原则：

（1）隔离区的数目尽可能少。pn 结隔离的隔离框面积约为管芯面积的三分之一，隔离区数目少，有利于减小芯片面积。集电极电位相同的晶体管，可以放在同一隔离区，二极管按晶体管原则处理。全部电阻可以放在同一隔离区，但隔离区不宜太大，否则会造成漏电流大，耐压低。为了走线方便，电阻也可以放在几个隔离区内。

（2）注意防止各种寄生效应。隔离槽要接电路最负电位，电阻岛的外延层接最高电位。输入与输出端尽可能远离，以防止不应有的影响。电阻等发热元件要放在芯片中央，使芯片温度分布均匀。

（3）设计铝条时的注意事项。设计铝条时，希望铝条尽量短而宽。铝条本身也要引入串联电阻，因此也需计算铝条引入的串联电阻对线路的影响。铝条不能相交，有不可避免的交叉线时，可让一条或几条铝条通过发射极管的发射区间距或发射区与基区间距，也可从电阻上穿过，但不应跨过三次氧化层。必须采用"磷桥"穿接时，要计算"磷桥"引入的附加电阻对电路特性的影响。一般不允许"磷桥"加在地线上。但在 IC 设计时应尽可能避免使用扩散条穿接方式，因为扩散条不仅带来附加电阻和寄生电容，同时还占据一定的面积。

（4）保证元件的对称性。

（5）接线孔尽可能开大。凡需接地的发射极、电阻等，不能只靠在隔离槽上开的接触孔接地，要尽可能让地线直接通过该处。接地线尽可能地沿隔离槽走线。接电源的引线应尽量短而宽。接 V_{CC} 的电源孔应尽可能开大些。集电极等扩散磷孔应比其他接触孔大。

（6）铝条适当盖住接触孔，在位置空的地方可多覆盖一些，走线太紧时，也可只覆盖一边。

（7）为了减小版面同时又使走线方便、布局合理，个别电阻的形状可以灵活多样，小电阻可用隐埋电阻，各管电极位置可以平放和立放。

（8）确定光刻的基本尺寸。根据工艺水平和光刻精度定出图形，即各个扩散孔间距的最小尺寸，其中最关键的是发射极接触孔的尺寸和套刻间距。集成晶体管是由一系列相互套合的图形所组成，其中最小的图形是发射极接触孔的宽度，所以往往选用设计规则中的最小图形尺寸作为发射极接触孔。其他图形都是在此基础上考虑图形间的最小间距而进行逐步套合、放大。最小图形尺寸受到掩模对中容差，在扩散过程中的横向扩散、耗尽层扩散等多种因素的限制。如果最小图形尺寸取得过小，不仅工艺水平和光刻精度达不到，也会使成品率下降，如果取得过大，则会使芯片面积增大，使电路性能和成本都受到影响。所以，选取最小图形尺寸应切实根据生产上具体光刻、制版设备的精度，操作人员的熟练程度以及具体工艺条件来确定。在一定工艺水平下，版图上光刻基本尺寸放得越宽，则版图面积越大，瞬态特性因寄生电容而受到影响。如尺寸扣得越紧，则为光刻套刻带来困难，光刻质量越难保证。这两种情况都会影响成品率。通常在保证电路性能的前提下，适当放宽尺寸。

四、实验内容、方法及步骤

（1）根据图 3-8 电路设计出一个集成电路，画出版图，采用 $1\mu m$ 设计规则：

铝条最小间距 $1\mu m$。

引线孔最小 $1\mu m$。

引线孔间距 $1\mu m$。

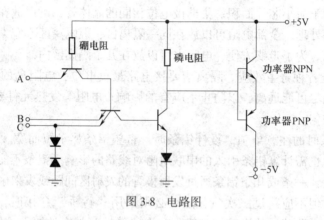

图 3-8　电路图

（2）实验步骤。

1）划分隔离区。

2）基本设计条件的确定，包括采用的工艺，基本的工艺设计参数和版图设计规则。

3）各单元的图形设计，集成电路中各元器件的图形和尺寸，取决于它在集成电路中的作用以及对参数的要求，所有尺寸的设计要符合版图设计规则的要求。所以，在进行各单元的图形、尺寸设计前，首先要对电路进行分析。

4）布局，即把元器件按照电路的要求以及连线的要求，安排在合适的位置上。

5）布线，即按照电路的连接关系以及连线的要求，把元器件连接成电路的对应版图。

五、实验注意事项

（1）注意防止各种寄生效应。隔离槽要接电路最负电位，电阻岛的外延层接最高电位。输入与输出端尽可能远离，以防止不应有的影响。电阻等发热元件要放在芯片中央，使芯片温度分布均匀。

（2）设计铝条时的注意事项。设计铝条时，希望铝条尽量短而宽。因为铝条本身也要引入串联电阻。因此，也需计算铝条引入的串联电阻对线路的影响。铝条不能相交，有不可避免的交叉线时，可让一条或几条铝条通过发射极管的发射区间距或发射区与基区间距，也可从电阻上穿过，但不应跨过三次氧化层。必须采用"磷桥"穿接时，要计算"磷桥"引入的附加电阻对电路特性的影响。一般不允许"磷桥"加在地线上。但在 IC 设计时应尽可能避免使用扩散条穿接方式，因为扩散条不仅带来附加电阻和寄生电容，同时还占据一定的面积。

（3）注意保证元件的对称性。

六、实验结果整理与分析

（1）整理实验结果，分析电路图设计主要步骤。

（2）分析电路图设计的合理性。

七、思考题

（1）如何实现在版图中双极型和 MOS 相容技术的集成电路版图设计。

（2）比较双极型工艺和 CMOS 工艺的异同点。

（3）在集成电路中是怎样实现电阻的？用 500 : 1 比例画出 20kΩ 的硼扩散电阻、外延层体电阻、基区致窄电阻和离子注入电阻的版图的示意图来。已知硼扩散电阻 R 口为 2kΩ/口，基区的薄层电阻为 10kΩ/口，离子注入的薄层电阻为 10kΩ/口。

（4）如图 3-9 所示 LSTTL 电路所用的肖特基晶体管的版图中，画出两种肖特基晶体管各自的掩模图形和结构剖面图。

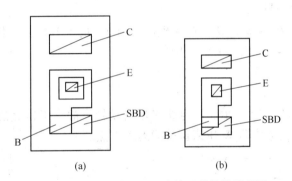

图 3-9　LSTTL 电路所用的肖特基晶体管的版图

实验 3-4 共射放大电路

一、实验目的

（1）学习放大器静态工作点的测量与调整。

（2）学习放大器的放大倍数的测量方法。

（3）加深示波器、函数信号发生器和交流毫伏表的使用方法。

二、实验材料及设备

（1）GOS-620 型双踪示波器一台。

（2）DF1641A 型函数信号发生器一台。

（3）SX2172 型交流毫伏表一台。

（4）模拟电路实验箱一台。

（5）数字万用表一只。

（6）电子元件：$R_C = 2.7\text{k}\Omega$；$R_1 = R_{b2} = 10\text{k}\Omega$；$R_e = 1\text{k}\Omega$；电位器 = 100k$\Omega$；$C_1 = 10\mu\text{F}$，$C_2 = 47\mu\text{F}$，$C_e = 47\mu\text{F}$；NPN 三极管一个。

三、实验原理

实验参考电路如图 3-10 所示。该电路采用自动稳定静态工作点的分压式射极偏置电路，其温度稳定性好，电位器 W 用来调整静态工作点。

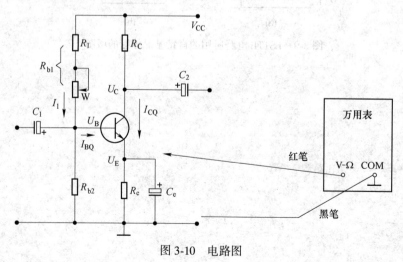

图 3-10　电路图

（一）静态工作点的估算

计算静态工作点，首先要画出直流通路（电容开路）。对图 3-10，当 $I_1 \gg I_B$ 时，可忽略 I_B，得到下列公式：

$$U_B \approx \frac{R_{b2}}{R_{b1} + R_{b2}} V_{CC}$$

$$U_E = U_B - U_{BE}$$

$$V_C = V_{CC} - I_C R_C$$

（二）交流放大倍数估算

为计算交流小信号性能指标，应首先画出交流通路（电容短路，直流电压源短路）。对图 3-10 电路，由 $\Delta U_{BE} = r_{be} \Delta I_b$（由输入回路得到），$\Delta U_{CE} = -R_C \Delta I_C$（由输出回路得到），以及 $\Delta I_C = \beta \Delta I_B$，可得到电压放大倍数：

$$A_V = \frac{\Delta U_O}{\Delta U_I} = \frac{\Delta U_{CE}}{\Delta U_{BE}} \approx -\frac{\beta R_C}{r_{be}}$$

$$r_{be} \approx 300 + \frac{26(mV)}{I_B(mA)}$$

电流用 I_B，不是 I_E。

（三）静态工作点的测量和调试

由于电子器件性能的分散性很大，在设计制作晶体管放大电路时，离不开测量和调试技术。

（1）静态工作点的测量。放大器静态工作点的测量，是在不加输入信号情况下，用万用表直流电压挡分别测量放大电路的直流电压 U_B、U_C 和 U_E，如图 3-10 所示。此外，可用 $I_C \approx I_E = U_E / R_e$ 算出 I_C。

（2）静态工作点的调整。在半导体三极管放大器的图解分析中已经介绍，为了获得最大不失真的输出电压，静态工作点应选在输出特性曲线上交流负载线的中点。若 Q 点选得太高，易引起饱和失真；选得太低，又易引起截止失真。实验中，如果测得 $U_{CEQ} < 0.5V$，说明三极管已饱和；如测得 $U_{CEQ} \approx V_{CC}$，则说明三极管已截止。

静态工作点的位置与电路参数有关。当电路参数确定之后，工作点的调整主要是通过调节电位器 W 来实现的。W 调小，工作点增高；W 调大，工作点降低。一般使 I_E 为 mA 数量级（例如 2mA）；作为一个估算，U_C 可取电源电压的一半左右。

（四）放大器的动态指标测试

放大器的动态指标有电压放大倍数 A_U、输入电阻 R_i、输出电阻 R_o 和最大不失真电压 U_{OMAX} 等。本实验只介绍电压放大倍数 A_U 的测试。

在进行动态测试时，各电子仪器与被测电路的接线方法如图 3-11 所示。从信号发生器向放大电路输入一正弦交流信号（1kHz、约 10mV）。用示波器观察放大器输出电压的波形 u_o。在没有明显失真的情况下，用毫伏表测出 u_o 和 u_i 的大小。于是，可求得 $A_u = u_o / u_i$。由于放大倍数的大小与晶体管的工作点有关。因此，在动态测量前应首先按要求调整静态工作点。

四、实验内容、方法及步骤

（一）实验准备

（1）学习共射极放大电路的工作原理。

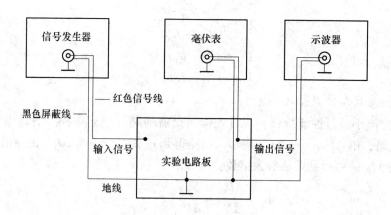

图 3-11　放大倍数的测量图

（2）仔细阅读本实验中的"实验原理"部分。

（3）根据"实验内容"，画出实验电路图（画在预习报告中），并标注出元件值。

（4）根据"实验内容"，制订好实验数据记录表格（写入预习报告中）；并把静态工作点与电压放大倍数的理论计算值填入"实验数据记录表格"中。

（二）实验操作

（1）安装电路。按图 3-10，在"模拟电路实验箱"上组装共射放大电路，使用电路模板——晶体管放大器 1 与 2，经检查无误后，接通 +12V 直流电源。

（2）测量并调试静态工作点。调节电位器 W 使其满足要求（$I_E = 2mA$）；并测量静态工作点填入表 3-8 中。

（3）测量电压放大倍数。按图 3-11 接线。输入频率为 1kHz 的信号，调节输入信号使输出电压基本不失真。用"双踪显示模式"同时显示输入波形与输出波形，并测出输入与输出电压的交流幅度，填入表 3-9 中。

五、实验注意事项

（1）注意在画好实验电路图中标出元件。

（2）注意使用电路模板——晶体管放大器 1 与 2 检查电路。

（3）读懂电路图，正确接通电路。

（4）注意防止触电。

六、实验结果整理与分析

整理实验结果，填入表 3-8 和表 3-9 中，分析表中的数据。

表 3-8　静态工作点测量

	U_B/V	U_C/V	U_E/V	I_E/mA
测量值				（由测量值计算）
理论值				

表 3-9　输入与输出电压的交流幅度

	U_i	U_O	A_U
测量值			
理论值	—	—	

七、思考题

如何更准确地测量出真实的电压值？

实验 3-5　负反馈电路设计

一、实验目的

（1）学习放大电路中引入负反馈后对各项性能指标的影响。

（2）掌握放大器的频率特性的测量方法。

二、实验材料及设备

（1）GOS-620 型双踪示波器一台。

（2）DF1641A 型函数信号发生器一台。

（3）SX2172 型交流毫伏表一台。

（4）模拟电路实验箱一台。

（5）数字万用表一只。

（6）电子元件：$R_C = 2.7\text{k}\Omega$；$R_{b1} = R_{b2} = 10\text{k}\Omega$；$R_{e1} = 1\text{k}\Omega$；$R_{e2} = 330\Omega$；电位器 = 100\text{k}\Omega；$C_1 = 10\mu\text{F}$，$C_2 = 47\mu\text{F}$，$C_e = 47\mu\text{F}$；NPN 三极管一个。

三、实验原理

本实验参考电路如图 3-12 所示。该电路在发射极支路串联一只电阻 R_F，引入了"串联电流负反馈"。电位器 W 用来调整静态工作点。

（一）静态工作点的估算

静态工作点的计算，类似于共射极放大电路，只要令 $R_e = R_{e1} + R_F$ 即可。

（二）引入交流负反馈后对各项性能指标的影响与估算

1. 负反馈后对各项性能指标的影响

引入交流负反馈后，可改善放大器的交流性能指标。例如，减小非线性失真、扩展通频带、提高输出电压或电流的稳定性、改变输入输出阻抗。负反馈有四种组态，其特性如表 3-10 所示。

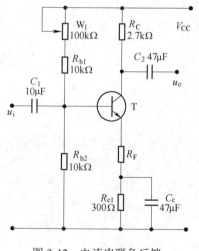

图 3-12　电流串联负反馈

表 3-10　四种组态负反馈放大器特性比较

组　态	基本放大电路的放大倍数 A	反馈系数 F	输出阻抗	输入阻抗
电压串联负反馈	电压放大倍数	$F_u = u_F/u_O$	减小	增大
电流串联负反馈	转移电导	$F_{ui} = u_i/i_o\ (\Omega)$	增大	增大

组　态	基本放大电路 的放大倍数 A	反馈系数 F	输出阻抗	输入阻抗
电压并联负反馈	转移电阻	$F_{iu} = I_f / u_o (1/\Omega)$	减小	减小
电流并联负反馈	电流放大倍数	$F_{ii} = i_f / i_o$	增大	减小

组　态	输出电压稳定性	输出电流稳定性		
电压串联负反馈	提高			
电流串联负反馈		提高		
电压并联负反馈	提高			
电流并联负反馈		提高		

2. 放大电路性能指标的估算

对图 3-12 所示的电流串联负反馈，可对交流性能指标的影响有：减小了非线性失真、扩展了通频带、提高了输出电流的稳定性、提高了输入输出阻抗。

（1）电压放大倍数。

开环放大电路放大倍数

$$A = \frac{\Delta I_o}{\Delta U_{BE}} = \frac{\Delta I_C}{\Delta U_{BE}} = \frac{\Delta I_C}{r_{be} \Delta I_B} = \frac{\beta}{r_{be}}$$

反馈系数

$$F = \frac{\Delta U_e}{\Delta I_C} = \frac{(1 + \beta) R_f}{\beta} \approx R_f$$

闭环放大倍数

$$A_f = \frac{\Delta I_o}{\Delta U_I} = \frac{A}{A + AF}$$

闭环电压放大倍数

$$A_{uf} = \frac{\Delta U_O}{\Delta U_I} = \frac{-R_C \Delta I_o}{\Delta U_I} = -\frac{R_C A}{1 + AF} = -\frac{\beta R_C}{r_{be} + (1 + \beta) R_f} \approx -\frac{R_C}{R_f}$$

（2）输入电阻。

开环输入电阻

$$R_i = r_{be}$$

闭环输入电阻

$$R_{if} = (1 + AF) R_i = r_{be} + (1 + \beta) R_f$$

（三）放大电路频率特性的测量

放大电路中耦合电容（图 3-12 中 C_1、C_2 与 C_e）会影响放大器的低频特性（低频时这些电容的容抗很大），三极管的内部电容将影响放大器的高频特性（高频时三极管的内部电容的容抗变小）。因此，放大器的幅频特性如图 3-13 所示。

测量放大倍数随频率变化曲线的幅频特性方法：

（1）从信号发生器产生的交流电压输入到电路。

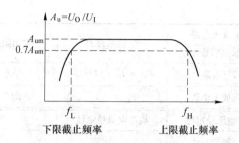

图 3-13　放大倍数随频率变化曲线——幅频特性

（2）改变输入信号 u_i 的频率，每改变一个频率就测出放大器的一个输出电压（输入电压不要改变）。

（3）按 $A_u = U_O / U_I$ 计算，据此可画出幅频特性，通频带为 $f_{bw} = f_H - f_L$。

四、实验内容、方法及步骤

（一）实验准备

（1）复习负反馈放大电路的工作原理。

（2）仔细阅读本实验中的"实验原理"部分。

（3）根据"实验内容"，画出实验电路图（画在预习报告中），并标注出元件值，R_{e1} 可选为 330Ω。

（4）根据"实验内容"，制订好实验数据记录表格（写入预习报告中）；并把开环与闭环时的电压放大倍数的理论计算值填入"实验数据记录表格"中。

（二）实验操作

（1）安装电路。按图 3-12，在"模拟电路实验箱"上组装电路，使用电路模板晶体管放大器 1 与 2，经检查无误后，接通 +12V 直流电源。

（2）测量并调试静态工作点。调节电位器 W 使其满足要求（$I_E = 2mA$）。

（3）测量闭环电压放大倍数、频率特性。对图 3-12 情况，即为闭环状态，按如下操作：

1）测量闭环电压放大倍数：从信号发生器，产生信号频率为 $f = 1kHz$，有效值为 30mV 的交流电压输入到电路；测量放大电路输出电压 U_O 与输入电压 U_I，填入数据表中，据此可计算闭环电压放大倍数 $A_{uf} = U_O / U_I$。

2）测量闭环幅频特性：从信号发生器，产生电压有效值为 30mV 的交流电压输入到电路；改变输入信号 u_i 的频率，每改变一个频率就测出放大器的一个输出电压，填入数据表中；测出上限截止频率 f_{Hf} 与下限截止频率 f_{Lf}，填入数据表中。按 $A_{uf} = U_O / U_I$ 计算，可画出闭环幅频特性，如图 3-13 所示。

（4）测量开环电压放大倍数、频率特性。在图 3-12 中，电容 C_F 的上端接至三极管的发射极，即为工作在交流开环状态，按如下操作：

1）测量开环电压放大倍数：从信号发生器产生信号频率为 $f = 1kHz$ 的交流电压输入到电路，用示波器观察输出电压，调节输入信号的幅度，使输出信号不失真；测量放大电路输出电压 U_O 与输入电压 U_I，填入数据表中，据此可计算开环电压放大倍数 $A_u =$

U_0/U_1。

2）测量开环幅频特性：在上述情况下，改变输入信号 u_i 的频率（不要改变幅度），每改变一个频率就测出放大器的一个输出电压，填入数据表中；测出上限截止频率 f_{Hf} 与下限截止频率 f_{Lf}，填入数据表中。按 $A_u = U_0/U_1$ 计算，可画出开环幅频特性，如图 3-13 所示。

五、实验注意事项

（1）改变输入信号 u_i 的频率时，输入信号 u_i 的幅度不要改变。

（2）频率点选择。

1）中频大致范围：1~100kHz，测 2 个频率点即可，求出的是中频放大倍数 A_{um}，在中频范围内放大倍数几乎不会变化。

2）高频大致范围：100kHz 以上，测几个频率点即可，对应放大位数为 $0.7A_{um}$（0.7 对应-3db）的频率是上限频率 f_{Hf}。

3）低频大致范围：1kHz 下，测几个频率点即可，对应放大位数为 $0.7A_{um}$ 的频率是下限频率 f_{Lf}。

六、实验结果整理与分析

（1）根据"实验内容"，制订好实验数据记录表格，并把开环与闭环时的电压放大倍数的理论计算值填入"实验数据记录表格"中。

（2）测量出放大电路输出电压 U_0 与输入电压 U_1，填入数据表中，并计算闭环电压放大倍数 $A_{uf} = U_0/U_1$。

（3）改变输入信号 u_i 的频率，每改变一个频率就测出放大器的一个输出电压，填入数据表中；测出上限截止频率 f_{Hf} 与下限截止频率 f_{Lf}，填入数据表中。按 $A_{uf} = U_0/U_1$ 计算，可画出闭环幅频特性。

七、思考题

如何减少实验中的误差，准确测量出放大电路中的电压值？

实验 3-6 晶体管共射极单管放大器

一、实验目的

（1）学会放大器静态工作点的调试方法，分析静态工作点对放大器性能的影响。

（2）掌握放大器电压放大倍数、输入电阻、输出电阻及最大不失真输出电压的测试方法。

（3）熟悉常用电子仪器及模拟电路实验设备的使用。

二、实验材料及设备

（1）+12V 直流电源。

（2）函数信号发生器。

（3）双踪示波器。

（4）交流毫伏表。

（5）直流电压表。

（6）直流毫安表。

（7）频率计。

（8）万用电表。

（9）晶体三极管 3DG6×1（$\beta = 50 \sim 100$）或 9011×1。

（10）电阻器、电容器若干。

三、实验原理

图 3-14 为电阻分压式工作点稳定单管放大器实验电路图。它的偏置电路采用 R_{B1} 和 R_{B2} 组成的分压电路，并在发射极中接有电阻 R_E，以稳定放大器的静态工作点。当在放大器的输入端加入输入信号 u_i 后，在放大器的输出端便可得到一个与 u_i 相位相反，幅值被放大了的输出信号 u_o，从而实现了电压放大。

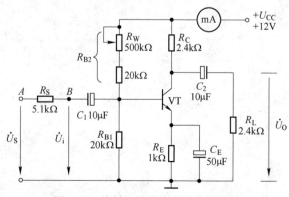

图 3-14 共射极单管放大器实验电路

在图 3-14 电路中，当流过偏置电阻 R_{B1} 和 R_{B2} 的电流远大于晶体管 T 的基极电流 I_B 时（一般 5~10 倍），则它的静态工作点可用下式估算：

$$U_B \approx \frac{R_{B1}}{R_{B1} + R_{B2}} U_{CC}$$

$$I_E \approx \frac{U_B - U_{BE}}{R_E} \approx I_C$$

$$U_{CE} = U_{CC} - I_C(R_C + R_E)$$

电压放大倍数

$$A_V = -\beta \frac{R_C // R_L}{r_{be}}$$

输入电阻

$$R_i = R_{B1} // R_{B2} // r_{be}$$

输出电阻

$$R_o \approx R_C$$

由于电子器件性能的分散性比较大，因此在设计和制作晶体管放大电路时，离不开测量和调试技术。在设计前应测量所用元器件的参数，为电路设计提供必要的依据，在完成设计和装配以后，还必须测量和调试放大器的静态工作点和各项性能指标。一个优质放大器，必定是理论设计与实验调整相结合的产物。因此，除了学习放大器的理论知识和设计方法外，还必须掌握必要的测量和调试技术。

放大器的测量和调试一般包括：放大器静态工作点的测量与调试，消除干扰与自激振荡及放大器各项动态参数的测量与调试等。

（一）放大器静态工作点的测量与调试

1. 静态工作点的测量

测量放大器的静态工作点，应在输入信号 $u_i = 0$ 的情况下进行，即将放大器输入端与地端短接，然后选用量程合适的直流毫安表和直流电压表，分别测量晶体管的集电极电流 I_C 以及各电极对地的电位 U_B、U_C 和 U_E。一般实验中，为了避免断开集电极，所以采用测量电压 U_E 或 U_C，然后算出 I_C 的方法，例如，只要测出 U_E，即可用 $I_C \approx I_E = \frac{U_E}{R_E}$ 算出 I_C（也可根据 $I_C = \frac{U_{CC} - U_C}{R_C}$，由 U_C 确定 I_C），同时也能算出 $U_{BE} = U_B - U_E$，$U_{CE} = U_C - U_E$。

为了减小误差，提高测量精度，应选用内阻较高的直流电压表。

2. 静态工作点的调试

放大器静态工作点的调试是指对管子集电极电流 I_C（或 U_{CE}）的调整与测试。

静态工作点是否合适，对放大器的性能和输出波形都有很大影响。如工作点偏高，放大器在加入交流信号以后易产生饱和失真，此时 u_o 的负半周将被削底，如图 3-15（a）所示；如工作点偏低则易产生截止失真，即 u_o 的正半周被缩顶（一般截止失真不如饱和失真明显），如图 3-15（b）所示。这些情况都不符合不失真放大的要求。所以，在选定工作点以后还必须进行动态调试，即在放大器的输入端加入一定的输入电压 u_i，检查输出

电压 u_o 的大小和波形是否满足要求。如不满足，则应调节静态工作点的位置。

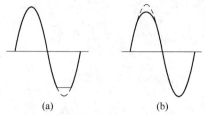

(a)　　　　　　　　(b)

图 3-15　静态工作点对 u_O 波形失真的影响

改变电路参数 U_{CC}、R_C、R_B（R_{B1}、R_{B2}）都会引起静态工作点的变化，如图 3-16 所示。但通常多采用调节偏置电阻 R_{B2} 的方法来改变静态工作点，如减小 R_{B2}，则可使静态工作点提高等。

（二）放大器动态指标测试

放大器动态指标包括电压放大倍数、输入电阻、输出电阻、最大不失真输出电压（动态范围）和通频带等。

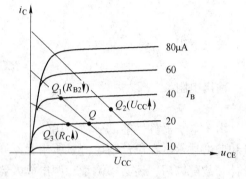

图 3-16　电路参数对静态工作点的影响

1. 电压放大倍数 A_V 的测量

调整放大器到合适的静态工作点，然后加入输入电压 u_i，在输出电压 u_o 不失真的情况下，用交流毫伏表测出 u_i 和 u_o 的有效值 U_i 和 U_o，则

$$A_V = \frac{U_o}{U_i}$$

2. 输入电阻 R_i 的测量

为了测量放大器的输入电阻，按图 3-17 电路在被测放大器的输入端与信号源之间串入一已知电阻 R，在放大器正常工作的情况下，用交流毫伏表测出 U_S 和 U_i，则根据输入电阻的定义可得：

$$R_i = \frac{U_i}{I_i} = \frac{U_i}{\dfrac{U_R}{R}} = \frac{U_i}{U_S - U_i} R$$

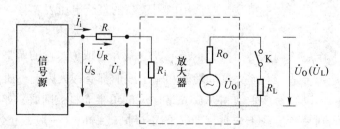

图 3-17　输入、输出电阻测量电路

3. 输出电阻 R_o 的测量

按图 3-17 电路，在放大器正常工作条件下，测出输出端不接负载 R_L 的输出电压 U_o 和接入负载后的输出电压 U_L，根据

$$U_L = \frac{R_L}{R_o + R_L} U_o$$

即可求出：

$$R_o = \left(\frac{U_o}{U_L} - 1 \right) R_L$$

在测试中应注意，必须保持 R_L 接入前后输入信号的大小不变。

4. 最大不失真输出电压 U_{oPP} 的测量（最大动态范围）

如上所述，为了得到最大动态范围，应将静态工作点调在交流负载线的中点。为此在放大器正常工作情况下，逐步增大输入信号的幅度，并同时调节 R_W（改变静态工作点），用示波器观察 u_o，当输出波形同时出现削底和缩顶现象（见图 3-18）时，说明静态工作点已调在交流负载线的中点。然后反复调整输入信号，使波形输出幅度最大，且无明显失真时，用交流毫伏表测出 U_o（有效值），则动态范围等于 $2\sqrt{2}U_o$。或用示波器直接读出 U_{oPP} 来。

5. 放大器幅频特性的测量

放大器的幅频特性是指放大器的电压放大倍数 A_U 与输入信号频率 f 之间的关系曲线。单管阻容耦合放大电路的幅频特性曲线如图 3-19 所示，A_{um} 为中频电压放大倍数，通常规定电压放大倍数随频率变化下降到中频放大倍数的 $1/\sqrt{2}$ 倍，即 $0.707A_{um}$ 所对应的频率分别称为下限频率 f_L 和上限频率 f_H，则通频带 $f_{BW} = f_H - f_L$。

放大器的幅率特性就是测量不同频率信号时的电压放大倍数 A_U。为此，可采用前述测 A_U 的方法，每改变一个信号频率，测量其相应的电压放大倍数，测量时应注意取点要恰当，在低频段与高频段应多测几点，在中频段可以少测几点。此外，在改变频率时，要保持输入信号的幅度不变，且输出波形不得失真。

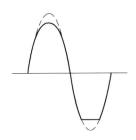

图 3-18　静态工作点正常、输入信号太大引起的失真

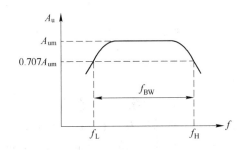

图 3-19　幅频特性曲线

四、实验内容、方法及步骤

实验电路如图 3-14 所示。为防止干扰，各仪器的公共端必须连在一起，同时信号源、

交流毫伏表和示波器的引线应采用专用电缆线或屏蔽线，如使用屏蔽线，则屏蔽线的外包金属网应接在公共接地端上。

（1）调试静态工作点。接通直流电源前，先将 R_W 调至最大，函数信号发生器输出旋钮旋至零。接通+12V 电源，调节 R_W，使 $I_C = 2.0mA$（即 $U_E = 2.0V$），用直流电压表测量 U_B、U_E、U_C 及用万用电表测量 R_{B2} 值，记入表 3-11。

（2）测量电压放大倍数。在放大器输入端加入频率为 1kHz 的正弦信号 u_S，调节函数信号发生器的输出旋钮使放大器输入电压 $U_i \approx 10mV$，同时用示波器观察放大器输出电压 u_o 波形，在波形不失真的条件下用交流毫伏表测量下述三种情况下的 U_o 值，并用双踪示波器观察 u_o 和 u_i 的相位关系，记入表 3-12。

（3）观察静态工作点对电压放大倍数的影响。置 $R_C = 2.4k\Omega$，$R_L = \infty$，U_i 适量，调节 R_W，用示波器监视输出电压波形，在 u_o 不失真的条件下，测量数组 I_C 和 U_o 值，记入表 3-13。

测量 I_C 时，要先将信号源输出旋钮旋至零（即使 $U_i = 0$）。

（4）观察静态工作点对输出波形失真的影响。置 $R_C = 2.4k\Omega$，$R_L = 2.4k\Omega$，$u_i = 0$，调节 R_W 使 $I_C = 2.0mA$，测出 U_{CE} 值，再逐步加大输入信号，使输出电压 u_o 足够大但不失真。然后保持输入信号不变，分别增大和减小 R_W，使波形出现失真，绘出 u_o 的波形，并测出失真情况下的 I_C 和 U_{CE} 值，记入表 3-14 中。每次测 I_C 和 U_{CE} 值时都要将信号源的输出旋钮旋至零。

（5）测量最大不失真输出电压。设置 $R_C = 2.4k\Omega$，$R_L = 2.4k\Omega$，按照实验原理中所述方法，同时调节输入信号的幅度和电位器 R_W，用示波器和交流毫伏表测量 U_{oPP} 及 U_o 值，记入表 3-15。

（6）测量输入电阻和输出电阻。设置 $R_C = 2.4k\Omega$，$R_L = 2.4k\Omega$，$I_C = 2.0mA$。输入 $f = 1kHz$ 的正弦信号，在输出电压 u_o 不失真的情况下，用交流毫伏表测出 U_S，U_i 和 U_L 记入表 3-16。保持 U_S 不变，断开 R_L，测量输出电压 U_o，记入表 3-16。

（7）测量幅频特性曲线。取 $I_C = 2.0mA$，$R_C = 2.4k\Omega$，$R_L = 2.4k\Omega$。保持输入信号 u_i 的幅度不变，改变信号源频率 f，逐点测出相应的输出电压 U_O，记入表 3-17。

为了信号源频率 f 取值合适，可先粗测一下，找出中频范围，然后再仔细读数。

五、实验注意事项

（1）本实验中所说的工作点"偏高"或"偏低"不是绝对的，应该是相对信号的幅度而言。

（2）由于电阻 R 两端没有电路公共接地点，所以测量 R 两端电压 U_R 时必须分别测出 U_S 和 U_i，然后按 $U_R = U_S - U_i$ 求出 U_R 值。

（3）电阻 R 的值不宜取得过大或过小，以免产生较大的测量误差，通常取 R 与 R_i 为同一数量级为好，本实验可取 $R = 1 \sim 2k\Omega$。

六、实验结果整理与分析

（1）整理实验结果，将其分别填入表 3-11～表 3-17 中。

表 3-11　$I_C = 2\text{mA}$

测　量　值				计　算　值		
U_B/V	U_E/V	U_C/V	$R_{B2}/\text{k}\Omega$	U_{BE}/V	U_{CE}/V	I_C/mA

表 3-12　$I_C = 2.0\text{mA}$　$U_i = $　mV

$R_C/\text{k}\Omega$	$R_L/\text{k}\Omega$	U_o/V	A_V	观察记录一组 u_o 和 u_i 波形
2.4	∞			
1.2	∞			
2.4	2.4			

表 3-13　$R_C = 2.4\text{k}\Omega$　$R_L = \infty$　$U_i = $　mV

I_C/mA	2.0
U_o/V	
A_V	

表 3-14　$R_C = 2.4\text{k}\Omega$　$R_L = \infty$　$U_i = $　mV

I_C/mA	U_{CE}/V	u_o 波形	失真情况	管子工作状态
2.0				

表 3-15　$R_C = 2.4\text{k}\Omega$　$R_L = 2.4\text{k}\Omega$

I_C/mA	U_{im}/mV	U_{om}/V	U_{oPP}/V

表 3-16　$I_C = 2\text{mA}$　$R_C = 2.4\text{k}\Omega$　$R_L = 2.4\text{k}\Omega$

U_S /mV	U_i /mV	$R_i/\text{k}\Omega$		U_L/V	U_o/V	$R_o/\text{k}\Omega$	
		测量值	计算值			测量值	计算值

表 3-17　　$U_i =$ 　　mV

	f_l	f_o	f_n
f/kHz			
U_O/V			
$A_V = U_O/U_i$			

（2）分析静态工作点变化对放大器输出波形的影响。

七、思考题

（1）能否用直流电压表直接测量晶体管的 U_{BE}？为什么实验中要采用测 U_B、U_E，再间接算出 U_{BE} 的方法？

（2）当调节偏置电阻 R_{B2}，使放大器输出波形出现饱和或截止失真时，晶体管的管压降 U_{CE} 怎样变化？

（3）改变静态工作点对放大器的输入电阻 R_i 有否影响？改变外接电阻 R_L 对输出电阻 R_O 有否影响？

（4）测试中，如果将函数信号发生器、交流毫伏表、示波器中任一仪器的两个测试端子接线换位（即各仪器的接地端不再连在一起），将会出现什么问题？

4 电子封装可靠性实验

实验 4-1　微焊点结合强度实验

一、实验目的

（1）了解强度结合计的工作原理、操作方法。

（2）熟悉强度结合计的设备结构及组成。

（3）掌握微焊点断裂失效机理。

（4）了解封装工艺参数对微焊点强度的影响规律，掌握评定微焊点质量的通用实验方法。

二、实验材料及设备

（1）台式无铅回流焊机。

（2）99.99%商用 10mm×10mm×0.5mm 纯铜板。

（3）松香助焊剂（25%松香+75%异丙醇）。

（4）Sn3.0Ag0.5Cu 焊球。

（5）5%盐酸试剂，无水乙醇等。

（6）MFM1200 型多功能剪切力测试仪。

三、实验原理

（一）微焊点可靠性

电子封装及组件在工艺或服役过程中，由于封装材料间热膨胀失配在封装结构内将产生热应力应变，从而会导致电子封装的电、热或机械失效，所以微电子封装的可靠性则是保证电子产品整体可靠性的技术关键。研究表明，电子器件失效的 70%都是由封装及组装的失效所引起的，而在电子封装及组装的失效中，焊点的失效是主要原因。

随着芯片封装的发展，芯片面积越来越大，尺寸越来越小，I/O 数量逐渐增多，而其所承载的力学、电学和热力学负荷则越来越重，特别是近年来超大规模半导体集成电路的发展，对焊点可靠性的要求日益提高。电子器件在服役条件下，电路的周期性通断和环境温度的变化、振动导致焊点承受应力应变，塑性形变的积累诱发裂纹的萌生和扩展，最终造成焊点的失效，进而引起整个器件电路中断乃至永久性失效。影响焊点可靠性的因素很多，其中焊点强度是影响 BGA 封装器件可靠性的重要指标之一。

（二）焊点可靠性的影响因素

无铅化焊接由于焊料的改变和工艺参数的调整，必不可少地会影响到焊点可靠性。与传统的 Sn-Pb 焊料（熔点 183℃）相比，无铅焊料的熔点较高，一般都在 217℃左右，这就会导致焊料易氧化及 IMC 层生长较快等问题。由于焊料不含 Pb，弹性就不如有铅焊料好，较脆，另外浸润性较差，容易影响到焊点的自校准能力，以及拉伸强度、剪切强度等。无铅焊点的可靠性问题主要来源于：焊点的剪切疲劳与蠕变裂纹、电迁移、焊料与基体界面金属间化合物形成裂纹、Sn 晶须生长引起短路、电腐蚀和化学腐蚀问题等。

（1）结构设计不合理。焊盘的设计不合理，双波峰的距离设计太近造成板面温度增高、相邻高大元件在回流焊时产生"曼哈顿现象"、形成热风冲击等。

（2）焊料选择不合理。目前大多焊料采用银锡铜合金系列，液相温度是 217~221℃；要求回流焊有较高的峰值，其必定会导致金属间化合物生长迅速的问题。过厚的 IMC 层会导致焊点产生裂纹，韧性和抗周期疲劳性下降，从而导致焊点的可靠性降低或是失效。无铅与有铅焊料的成分不同，在焊接时它们和焊盘等的反应速率及反产应物也会不同，同时焊料和助焊剂的兼容性都会对焊点的可靠性产生影响。

（3）焊接工艺不合理。由于无铅焊料的熔点基本上在 217~221℃，而铅锡合金（63%的锡和 37%的铅）的液相温度是 183℃，两者相差 34℃。为了确保再流焊过程不低于 1.33 的 C_{pk}，需严控检测峰值温度、高于液相温度的时间、浸渍时间、浸渍温度以及由于选择焊剂和焊膏而引起的斜坡速率等关键变量。如含 Bi 焊料与 Sn-Pb 涂层的器件接触时，回流焊后会生成 Sn-Pb-Bi 共晶合金，熔点只有 99.6℃，极易导致焊接部位开裂。而且无铅焊接工艺中空洞也是互连焊点在回流焊接中常见的一种缺陷，在 BGA/CSP 等器件上表现得尤为突出。

（三）微焊点强度测试方法

常见的焊点强度测试方法主要有拉力测试、剪切测试和剥离测试，分别如图 4-1~图 4-3 所示。

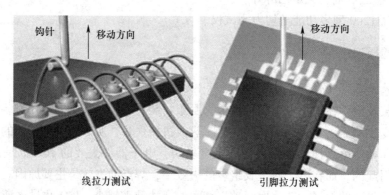

线拉力测试　　　　引脚拉力测试

图 4-1　拉力测试示意图

四、实验内容、方法及步骤

（一）焊点制作

（1）铜板切割成 10mm×10mm×0.5mm，打磨抛光后放入稀盐酸中超声清洗 3min，取

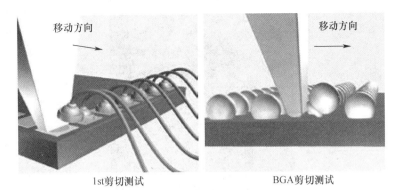

1st剪切测试　　　　　　　　　BGA剪切测试

图 4-2　剪切测试示意图

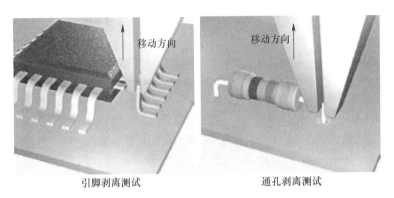

引脚剥离测试　　　　　　　　　通孔剥离测试

图 4-3　剥离测试示意图

出后用乙醇清洗干净备用。

（2）启动回流焊机、设置温度曲线。

（3）在铜板上涂松香助焊剂，用镊子取出一粒焊球置于其上，随后将铜板放入回流焊机重熔焊点。

（4）采用无水乙醇去除残余松香助焊剂。

（二）剪切实验

（1）打开空压机（见图 4-4），将压缩空气接通。

图 4-4　空压机（图示状态为空压机关闭状态）

（2）打开 MFM1200 测试仪电源，见图 4-5。

（3）点击电脑内 MFM1200 配套软件，输入用户名和密码登录，见图 4-6。

（4）软件初始化，设备将自动校准三轴。

（5）安装试样，见图 4-7。

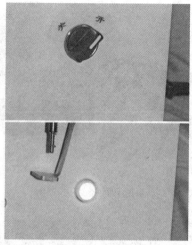

图 4-5　电源

图 4-6　登录界面

图 4-7　安装试样

（6）设置测试参数：测试方法、测试类型、测试速度、测试高度、下降速度、失效模式等，见图4-8。

（7）点击测试开始。

（8）数据分析及图像处理，见图4-9。

五、实验注意事项

（1）一般注意事项。

1）必须保证铜板表面清洁度以及平整度，实验前先用砂纸打磨表面氧化物并进行酸洗。

2）保证工件及夹具清洗干净，表面清洁，无夹杂物。

3）在实验过程中必须全程保证压缩空气处于开启状态。

图 4-8　设置参数

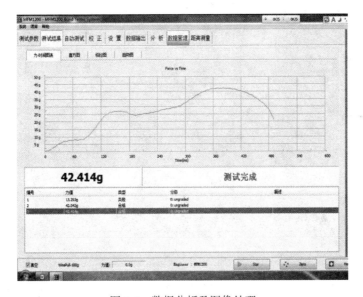

图 4-9　数据分析及图像处理

4）所用模块与传感器需保持一致。

（2）实验中可能出现的事故。

1）未开启压缩空气，程序无法自动校准三轴。

2）推刀与铜板表面处于接触状态，无法进行剪切测试。

3）试样所需剪切力过大，超出模块推力负载范围，无法进行实验。

六、实验结果整理与分析

（1）整理实验结果，填入表 4-1 中。

表 4-1　实验结果记录表

序号	测试速度 /μm·s^{-1}	测试高度 /μm	焊点直径 /μm	断口特征
1				
2				
3				
4				
5				
6				
7				
8				

（2）描述测试速度、测试高度以及焊点直径对焊点失效模式的影响规律。

（3）给出实验条件下最佳的剪切强度工艺参数。

实验 4-2　焊点及界面高温老化实验

一、实验目的

（1）了解高温老化实验的设备、原理。
（2）分析高温老化实验对焊点及界面的影响。
（3）分析在高温老化实验中焊点的基本失效模式。

二、实验材料及设备

（1）高温老化实验箱。
（2）MFM1200 型多功能剪切力测试仪。
（3）金相实验设备。
（4）电路板。

三、实验原理

随着电子技术的发展，电子产品的集成化程度越来越高，结构越来越细微，工序越来越多，制造工艺越来越复杂，这样在制造过程中会产生潜伏缺陷。对一个好的电子产品，不但要求有较高的性能指标，而且还要有较高的稳定性。电子产品的稳定性取决于设计的合理性、元器件性能以及整机制造工艺等因素。目前，国内外普遍采用高温老化工艺来提高电子产品的稳定性和可靠性，通过高温老化可以使元器件的缺陷、焊接和装配等生产过程中存在的隐患提前暴露，保证出厂的产品能经得起时间的考验。

电子产品在生产制造时，因设计不合理、原材料或工艺措施方面的原因引起产品的质量问题有两类：第一类是产品的性能参数不达标，生产的产品不符合使用要求；第二类是潜在的缺陷，这类缺陷不能用一般的测试手段发现，而需要在使用过程中逐渐地被暴露，如硅片表面污染、组织不稳定、焊接空洞、芯片和管壳热阻匹配不良等。一般这种缺陷需要在元器件工作于额定功率和正常工作温度下运行一千个小时左右才能全部被激活（暴露）。显然，对每只元器件测试一千个小时是不现实的，所以需要对其施加热应力和偏压，例如进行高温功率应力实验，来加速这类缺陷的暴露。也就是给电子产品施加热的、电的、机械的或多种综合的外部应力，模拟严酷工作环境，消除加工应力和残余溶剂等物质，使潜伏故障提前出现，尽快使产品通过失效浴盆特性初期阶段，进入高可靠性的稳定期。电子产品的失效曲线如图 4-10 所示。

高温老化实验是针对高性能电子产品（如：计算机整机、车用电子产品、电源供应器、主机板、监视器等）模拟出一种高温、恶劣环境测试的可靠性测试实验方法。

老化后进行电气参数测量，筛选剔除失效或变值的元器件，尽可能把产品的早期失效消灭在正常使用之前。这种为提高电子产品可靠度和延长产品使用寿命，对稳定性进行必要的考核，以便剔除那些有"早逝"缺陷的潜在"个体"（元器件），确保整机优秀品质和期望寿命的工艺就是高温老化的原理。

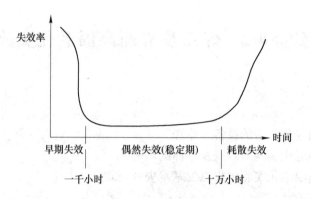

图 4-10   电子产品的失效曲线

老化实验是环境实验的一种总称，老化实验包含：臭氧老化、紫外老化、氙灯老化、高温老化、盐雾腐蚀老化等众多老化实验，是航空、汽车、家电、科研等领域必备的测试方法，主要用于测试和确定电工，电子及其他产品及材料进行高温或恒温实验时环境温度变化后的参数及性能。在企业实际生产过程中的老化实验通常在老化房中进行，如图 4-11 所示为老化房的平面布置图。

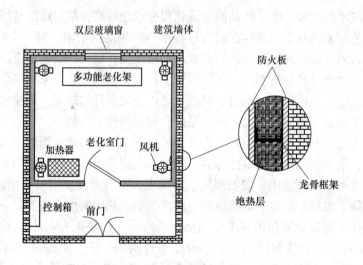

图 4-11   老化房设计示意图

房间被分成两部分，外间作为控制室，控制箱悬挂在控制室的墙上。内间作为高温老化室，是由绝热材料形成的密闭空间。顶部采用钢龙骨吊顶，吊顶一角留有活动板以便维修人员进入顶部进行维护，控制室的控制线经过吊顶上部，然后再分布到老化室的各个部分。绝热墙体采用钢龙骨框架，保证有足够的强度和刚度，绝热墙体两面覆防火板，中间填充绝热材料，如岩棉等（25℃时热导率约 $0.04W/(m \cdot K)$）。老化室的门双面覆镀铝锌钢板，中间填充绝热材料，门框与门之间采用硅橡胶密封。后墙推拉窗及前墙观察窗采用双层玻璃结构，具有良好的密封和绝热效果，同时便于采光和监视。在老化室墙体四角放置四个风机，以便室内空气循环流动，均匀室内空气的温度。

四、实验内容、方法及步骤

（一）高温老化实验

（1）将样品逐一编号后，用样品夹钩挂于样品转盘上，彼此以不相互接触和碰撞为宜。

（2）安装调节好换气阀，并将电源线接上。

（3）设置老化温度及时间。

（4）待一切准备就绪，即关上箱门（可上锁），接通电源，控温仪表、加热指示灯亮，此时上排显示屏为工作室实际温度值，下排显示屏为设定温度值。

（5）控温仪表正常工作后，即可启动转盘开关，使转盘转动。仪表显示工作温度达到设定温度后一段时间（约 120min）即可进入恒温状态。根据实验要求确定恒温时间（或按相关产品实验方法要求确定恒温后再放入试品及相关实验时间）。

（6）实验完毕按先开后关，后开先并顺序按动开关，切断电源。

（7）取出被测试样品（上门锁的，需先开锁），结束实验。

（二）老化样品金相分析

（1）镶样。按照冷镶料和固化剂 1∶1 的比例混合好后，倒入试样杯中，10~30min 凝固后取出即可。

（2）打磨并抛光。在不同型号砂纸的 M-2 打磨机上打磨至平滑且磨痕平行，然后用抛光膏（粒度为 0.5~1.5 的人造金刚石）在抛光机上抛光。

（3）腐蚀。用 2%~4% 的盐酸酒精腐蚀试样 10s 左右。

（4）光镜观察并拍照。使用光学显微镜进行截面观察显微组织特征，并进行显微组织的拍摄。

（三）老化样品力学性能测试

（1）将实验样品安装在测试设备上，应确保剪切头能够从平行于器件表面的方向剪切焊点。剪切力与失效模式对剪切速度、剪切高度、回流后的时间非常敏感，为了确保测试结果可靠，每次实验应该确保实验参数一致。每组样品进行测试的焊点数目不能太少。

（2）剪切高度不能大于焊点高度的 25%（10% 最佳）。

（3）以相同的速率剪切一个焊点，记录剪切力，直到剪切力下降到最大值的 25% 或者剪切距离超过焊点直径。依据待测器件实际使用中的失效模式可以选择不同实验条件，低速剪切时剪切速率为 100~800μm/s（condition A），高速剪切时剪切速率为 0.01~1m/s（condition B）。

（4）测试数据包括：每组样品的最大剪切力、最小剪切力、平均剪切力及标准差，记录每个焊点的失效模式。

五、实验注意事项

（1）样品放入高温实验箱或从实验箱取出时应注意戴高温防护装备。

（2）注意保持环境和设备的清洁，经常检查加热元件是否正常。

（3）如性能测试设备运行过程中出现异常现象，则需断电（按下<紧急停机>及空气开关）检查。

（4）高速剪切实验时应在确认身体各部位离剪切头具有一定距离之后方可进行实验。

六、实验结果整理与分析

观察记录老化实验结果，将实验结果整理后填入表 4-2 中，分析表中的数据。

表 4-2 老化实验结果

实验编号	老化温度/℃	老化时间 t/min	焊点表面形貌	焊点剪切性能
1				
2				
3				
4				
5				
6				
7				

七、实验思考题

（1）分析试样经过老化实验前后可靠性的区别。
（2）列举出其他常见的焊点可靠性实验方法。

实验 4-3　振 动 实 验

一、实验目的

（1）掌握振动实验的方法、原理。
（2）了解振动仪设备的构造及使用方法。
（3）了解焊点在动载作用下的失效模式。

二、实验材料及设备

（1）电子产品。
（2）MFM1200 型多功能剪切力测试仪。
（3）振动实验台。

三、实验原理

物体或质点相对于平衡位置所做的往复运动叫做振动。电子产品筛选实验中，常用的振动实验是正弦振动实验和随机振动实验两种。

（一）正弦振动实验

正弦振动实验包括定频和扫描两种实验类型，扫描实验又分为线性和对数两种扫描方式。正弦振动频率不变的实验叫做定频正弦振动实验，正弦振动实验一般是模拟转速固定的机械旋转引起的振动，或结构固有频率处的振动。物体或质点相对于平衡位置所做的往复运动叫做振动，其控制原理如图 4-12 所示。航天电子产品筛选实验中，振动实验常用的是正弦振动实验和随机振动实验两种。扫描正弦振动实验中，频率将按一定的规律发生变化，而振动量级是频率的函数，分为线性扫描和对数扫描两种方式，线性扫描频率变化是线性的，单位是 Hz/s 或 Hz/min，这种扫描实验是用以找出共振频率的实验；对数扫描频率变化是对数形式的，单位是 oct/min 或 oct/s，oct 是倍频程。对数扫描是指相同时间扫过的频率和倍频程数是相同的，低频扫得慢而高频扫得快。

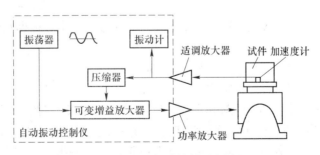

图 4-12　正弦振动控制原理图

正弦振动实验条件包括实验频率范围、实验量级、扫描速度或扫描持续时间及实验方向，实验量级常以表格形式或幅频曲线形式给出。严格地讲，实验容差也是实验条件的组成部分，因为制定实验条件时就已经考虑了实验容差的因素，实验时能否满足容差要求决定了实验的有效性。根据 GJB 1027A—2005 的规定，正弦振动容差为：

频率　　　　　　　　　　±0.5%（<25Hz）
　　　　　　　　　　　　±2%（≥25Hz）
加速度幅值　　　　　　　±10%（<200Hz）
　　　　　　　　　　　　±15%（≥200Hz）

（二）随机振动实验

随机振动是一种非确定性振动。当物体作随机振动时，不能确定物体上某监测点在未来某个时刻运动参量的瞬时值，因此随机振动和确定性振动有本质的不同，是不能用时间的确定性函数来描述的一种振动现象，但这种振动现象存在着一定的统计规律性，能用该现象的统计特性进行描述。随机振动又分为平稳随机振动和非平稳随机振动两种，平稳随机振动是指其统计特性不随时间而变化，其控制原理如图 4-13 所示。

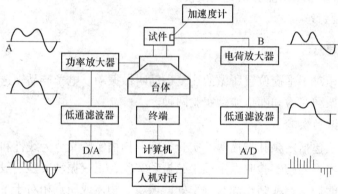

图 4-13　数字式随机振动原理图

航天卫星产品及其组件所经受的随机振动激励是一种声致振动，主要来自飞行器起飞喷气噪声和飞行过程中的气动噪声。过去，模拟随机振动环境大部分都是用正弦扫描实验来代替，随着快速傅里叶变换算法的出现和电子计算机的发展，各种型号数字式随机振动控制系统相继问世，才使随机振动实验得以广泛采用。民用产品中，对于使用环境苛刻、可靠性要求较高的产品也普遍使用该实验方法。

随机振动实验条件包括实验频率范围、实验谱形及量级、实验持续时间和实验方向实验谱形及量级常以表格形式或加速度功率谱密度曲线形式给出。根据 GJB 1027A—2005 的要求，随机振动实验容差为：

20~500Hz（分析带宽 25Hz 或更窄）±1.5dB；
500~2000Hz（分析带宽 50Hz 或更窄）±3dB。

与正弦振动实验一样，要满足随机振动实验的容差要求，不是对每个试件都能做到的。控制精度主要与控制系统的动态范围、均衡速度、均衡精度，实验夹具和试件安装的合理性、试件本身的动特性等有关，解决实验超差主要应从上述几方面分析原因，提高控制精度。

四、实验内容、方法及步骤

（1）首先将振动台与功放的电源打开，通电预热必要的时间。

（2）将系统的联接线接好，D/A 输出接功放输入，输入 1 点起依次接控制通道的电荷放大器输出，联机设置通道可接子控制点以外的通道。

（3）选择适当的滤波器频率。

（4）确认偏出电位计位置为零，打开控制箱电源，打印机电源及微机电源，进入系统。

（5）控制箱内/外开关打在外循环位置，滤波器开关打在"直通"或"滤波"位置。

（6）运行振动控制程序，在进入实验运行之前开功放高压。

（7）将滤波器转换开关选至适当的频率范围，在实验运行前系统会提示合适的频率范围。

（8）运行 SINTST. EXE，出现主窗口。新实验项目可以单击"参数设置"，选"正弦扫频"或"正弦定频"。

（9）正弦定频实验，不设置扫频参数，设置实验时间和实验频率、量值、单位。

（10）设置的参数存盘。

（11）将存盘内的数据文件的值调回，点击项目中的调出，选择所要的文件名。

（12）参数修改，点击参数设置中的参数修改。

（13）点击实验运行中的实验开始或绿色 R 按钮开始进行实验。

（14）选择开始正式实验，点击继续实验，进入实验扫频状态，屏幕出现+/−6dB 允差限，并每秒显示扫描画出当时的响应曲线及实验数据。

（15）实验停止后，点击"查看"中的数据回调或相应按钮，并选择通道号，可以调出测量数据。

（16）点击项目中的退出或点击右上角的关闭按钮可以突出扫频程序，完成实验。

五、实验注意事项

（1）振动频率不可选择过低。许多产品（整机及元器件、组件）在编制正弦扫描振动实验条件时，其振动频率的低端往往选为 5Hz，还有的更低，这些很难实现。正弦振动频率低端的合理选择是一个很有普遍性的问题，一般选为 8~10Hz 较妥。

（2）样品安装过程中需要确定螺钉等固定好，未固定将影响振动实验结果。

（3）注意保持环境和设备的清洁，经常检查振动元件是否正常。

（4）如性能测试设备运行过程中，出现异常现象，则需断电（按下<紧急停机>及空气开关）检查。

六、实验结果整理与分析

整理实验结果，填入表 4-3、表 4-4 中，分析表中的数据。

表 4-3 正弦振动实验结果

实验编号	振动振幅 /mm	振动频率 f /Hz	振动时间 t /min	焊点表面形貌	焊点剪切性能
1					
2					

实验编号	振动振幅 /mm	振动频率 f /Hz	振动时间 t /min	焊点表面形貌	焊点剪切性能
3					
4					
5					
6					
7					

表 4-4　随机振动实验结果

实验编号	振动时间 t/min	焊点表面形貌	焊点剪切性能
1			
2			
3			
4			
5			
6			
7			

七、思考题

（1）对比正弦振动和随机振动实验的差异。

（2）分析焊点在振动实验过程中容易出现的问题。

（3）振动实验如何测试焊点可靠性？

实验 4-4　温度循环实验

一、实验目的

（1）了解温度循环实验的方法、原理。
（2）掌握温度循环实验的内容及步骤。
（3）了解温度循环实验中微焊点失效机理。

二、实验材料及设备

（1）表面贴装或插装元器件。
（2）温度循环试验箱。
（3）MFM1200 型多功能剪切力测试仪。
（4）金相实验设备。

三、实验原理

温度循环实验主要是利用不同材料热膨胀系数的差异，加强因温度快速变化所产生的热应力对试件造成的劣化影响。当电子组件经受温度循环时，内部出现交替膨胀和收缩，使其产生热应力和应变。如果组件内部邻接材料的热膨胀系数不匹配，这些热应力和应变就会加剧，在具有潜在缺陷的部位会起到应力加大的作用，随着温度循环的不断施加，缺陷扩大并最终变为故障（如开裂）而被发现，称为热疲劳。

元器件安装一般采用通孔插装或表面贴装。焊点在温度循环作用下，因为热应力和蠕变的交互作用，导致焊点产生粗大条状组织和空洞，随着循环次数的增加，条状组织持续扩大与空洞慢慢结合成为微裂缝，从而导致焊点失效。这种热疲劳失效属于低周疲劳（low-cycle fatigue）失效的一种，多发生于电子组件的内部焊点结合处，图 4-14 是组件内部元器件焊接引脚在进行温度循环实验时脱焊示意图。

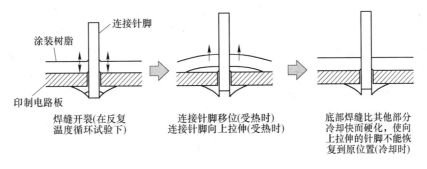

图 4-14　引脚脱焊机理

温度循环实验中，温度的升降一般是在单一温循箱内以冷热空气循环加热或冷却的方式来达成。实验所用温循箱效能的优劣对实验结果的准确性有很大影响。温循箱调节温度的方式是利用温度传感器测得箱内空气或试件的温度，经过信号转换后再经控制器与设定值比较，由比较结果决定加热系统或冷却系统是否动作，从而调节至所需温度。温循箱内通常装有风扇，采用强迫对流方式，使箱内各点的温度尽可能达到均一。调节的控制方式有两种：一种是通过试件的温度反馈进行控制；另一种是通过温循箱内的空气温度进行控制。对于这两种情况，试件、箱壁都会与箱内空气交换热量及水汽。其调节情形可归纳为：试件、箱壁与箱内空气间只要仍有热量或湿度的交换，箱内各点的状态将无法达到均一；当温循箱内热量和湿度的交换率一定时，温循箱内各点的状态差异将与空气循环速率成反比。

因此，当温循箱内各点环境必须维持较小差异时，应尽可能提供高的空气循环速率，循环速率越高，对流系数就越大，温循箱内各点的表面温度就更容易达到均一。温度循环实验时，试验箱内温度梯度（靠近实验产品处测得）应小于1℃/min；箱内温度不得超过实验温度±2℃的范围。

温度循环实验关键参数如下：

（1）温度范围。温度范围就是高、低温极限值的差，要以电子产品的耐热强度而定，可通过传热特性分析，了解在不同温度范围下产品内部温度的分布及变化情况。传热特性分析可以用理论模型进行分析，也可直接用实际条件进行测量，实际工作中，以测量的方法较为方便。测量时需注意产品是不是需加电工作，因为加电工作时，产品温度会有所改变，特别是对于大功率电子产品。当了解了各种温度循环条件下产品内部温度的分布及变化情况后，就可选择最大且不损伤正常产品的温度范围。对于组件类产品，温度循环实验的温度范围一般是在产品工作温度范围的基础上拓宽15℃，例如组件的工作温度范围为－40~+70℃，则该产品的温度循环实验温度范围选择为－55~+85℃。从实际工程经验看，电子组件温度循环实验较理想的温度范围是－55~+85℃。

（2）循环次数。由于温度交变在试件中引起机械应力，导致随温度交变次数的增加，试件内部应力也增加。理论上循环次数越多，加速性越大但次数太多可能会影响产品的使用寿命，并且会增加成本，所以一般参考以往的经验或相关的规范，选择一个适当的循环次数，通过实验分析找出最佳的循环次数。

（3）保持时间。保持时间取决于实验样品达到周围空气温度时的热平衡时间，应根据试件的热时间常数来选择试件保持所需要的时间。对于较大的产品，内部和表面的热时间常数可能相差很大，应选择最里面或最易损部分的热时间常数来确定。

实验样品的热时间常数取决于周围空气的性质和运动速度。温循箱内实验介质与试件的温度差越小，实验持续的时间越长。试件在某一环境温度下达到温度稳定的时间（t）约为热时间常数的3~5倍，一般取4倍，即：

$$t = 4\tau$$

热时间常数 τ 为：

$$\tau = \frac{mC}{S\lambda}$$

式中　m——质量，g；

　　　C——比热容，J/(g·℃)；

　　　S——散热面积，cm²；

λ——散热系数，$W/(cm^2 \cdot ℃)$。

部分军用标准是根据受试样品的质量来确定保持时间，例如 GJB 360B—2009，标准中规定的极限保持时间（t_{dwell}）与受试样品质量（m）之间的关系见表 4-5。

表 4-5　质量与时间的关系

质量 m/kg	时间 t_{dwell}/h
$m < 0.028$	0.25
$0.028 \leqslant m < 0.136$	0.5
$0.136 \leqslant m < 1.36$	1
$1.36 \leqslant m < 13.6$	2
$13.6 \leqslant m < 136$	4
$\geqslant 136$	8

（4）温变速率。一般来说，温变速率越大，实验效果越好，但是由于受到温循箱内风速及试件自身热容量的影响，试件的温度响应与温循箱的热输出并不一致。研究表明，温度循环的实验强度并不总是随着温变速率的提高而增大，当温变速率达到某一特定值后，再增大温变速率对环境应力实验的收效甚微，此时试件对温度变化的响应不敏感，试件的温度变化明显滞后于试验箱的温度变化。

当温循箱的冷却设备是以空气循环方式冷却时，其温变速率将被限制在 5~10℃/min，若温循箱的冷却设备是以液氮来冷却时，其温变速率可达到 25~40℃/min。对于组件产品温变速率一般选择为 5~30℃/min 之间。

（5）风速。风速与温度循环实验的各参数密切相关，对于温循箱的升降温曲线有很大的影响，较高的风速可以达到较高的温变速率，并且可以使试件温度的均匀度提高，对于组件产品，要使受试件的温度紧随温循箱中空气温度的变化，风速一般不低于 4.75m/s（15f/s）。

四、实验内容、方法及步骤

（1）温度循环实验。

1）打开总电源开关。

2）将样件摆放在试验箱内，样品之间避免接触；关闭仪器箱门。

3）打开试验箱温度控制仪，根据实验的要求设定温度，具体详情如下：按"设定"按钮，设置需要实验的温度和斜率，如果需要湿度，则相同操作。

4）按运转按钮。

5）环境模拟实验完毕后，再次按下运转按钮，试验箱运行停止，等待温度降温后 0.5~1h 后，拿出样品。

6）把取出的样品放置空气中，自然冷却 1~2h 后，记录样品表面变化情况，并开始提交高低温实验报告结果。

7）在实验过程中，如果想时时观察实验状态，请打开高低温试验箱照明灯开关即可，避免长时间按下。

8）做完高温实验后开始做低温实验，确定自然降温 0.5~1h 后，再做制冷实验。

9）打开总电源开关。

10）将样件摆放在试验箱内，产品相互之间不得接触；关闭试验箱门。

11）按温度控制开关打开温度控制仪，按上述操作温度控制仪方法按规定的要求设定温度。

12）按运转按钮，低温实验开始。

13）低温实验运行完毕后，按停止按钮，等待降温 0.5~1h 后，把样品拿出来。

14）把取出的样件放置空气中 1~2h 后，仔细录制变化视频，记录实验结果，按照实验步骤记录实验报告。

（2）焊点组织分析。

1）镶样。按照冷镶料和固化剂 1∶1 的比例混合好后，倒入试样杯中，10~30min 凝固后取出即可。

2）打磨并抛光。在不同型号砂纸的 M-2 打磨机上打磨至平滑且磨痕平行，然后用抛光膏（粒度为 0.5~1.5 的人造金刚石）在抛光机上抛光。

3）腐蚀。用 2%~4% 的盐酸酒精腐蚀试样 10s 左右。

4）光镜观察并拍照，使用光学显微镜进行截面观察显微组织特征，并进行显微组织的记录。

（3）样品力学性能测试。

1）将实验样品安装在测试设备上，应确保剪切头能够从平行于器件表面的方向剪切焊点。剪切力与失效模式对剪切速度、剪切高度、回流后的时间非常敏感，为了确保测试结果可靠，每次实验应该确保实验参数一致。每组样品进行测试的焊点数目不能太少。

2）剪切高度不能大于焊点高度的 25%（10% 最佳）。

3）以相同的速率剪切一个焊点，记录剪切力，直到剪切力下降到最大值的 25% 或者剪切距离超过焊点直径。依据待测器件实际使用中的失效模式可以选择不同实验条件，低速剪切时剪切速率为 100~800μm/s（condition A），高速剪切时剪切速率为 0.01~1m/s（condition B）。

4）测试数据包括：每组样品的最大剪切力、最小剪切力、平均剪切力及标准差，记录每个焊点的失效模式。

（4）记录整理实验数据。

五、温度循环实验应注意事项

（1）温循箱内空间容积与受试件体积的比值应不小于 5∶1，使温循箱有足够的热容量。此外，箱内受试件的摆放位置不能阻碍空气的对流，以免使得温循箱的效能降低。

（2）如果从常温先进入高温，然后从高温转入低温，按这一做法，实验结束时产品正处于从低温到常温的过程。此时将样品取出，由于产品本身的温度一般要低于环境温度，往往在其内、外表面产生凝露，造成对受试产品的不良影响，因此一般需放入 50℃ 左右的高温箱中恢复，从而使实验周期加长。因此，在进行实验时，先从低温开始，这样实验结束时，样品正处于从高温到常温的过程，从而避免在表面产生凝露。

（3）温循箱内空气应保持干燥，避免实验过程中发生凝露现象，温循箱的测试孔应适当地加以密封, 防止外部空气涌入箱内, 造成对受试件的不良影响。

六、实验结果整理与分析

整理实验结果, 填入表 4-6 中, 分析表中的数据。

表 4-6　温度循环实验结果

实验编号	低温温度 T_1 /℃	保温时间 t_1 /min	高温温度 T_2 /℃	保温时间 t_2 /min	循环次数	焊点表面形貌	焊点剪切性能
1							
2							
3							
4							
5							
6							
7							

七、思考题

（1）根据实验结果, 计算温度循环实验的故障率。

（2）对比冷热冲击实验和温度循环实验的差异, 说明原因。

实验 4-5　微焊点老炼实验

一、实验目的

（1）了解老炼实验的原理。

（2）掌握老炼实验的方法及主要内容。

（3）了解多场耦合作用下焊点失效机理。

二、实验材料及设备

（1）微锡焊点。

（2）MFM1200 型多功能剪切力测试仪。

（3）金相实验设备。

（4）老炼实验箱。

三、实验原理

电子产品的老炼，一般是将产品长时间置于高温环境中并通电，或者在正常实验室条件下通电。它也是一种筛选方法，对于工艺制造过程中可能存在的缺陷，如引线焊接不良等有较好的筛选效果；此外老炼还可促使电性能参数稳定，并对参数不稳定的产品有一定的筛选作用。

老炼实验是一种加速导致早期失效机理发生的可靠性实验，也就是通过加速电路失效的发生使良品尽早地进入其可靠的使用周期，即偶然失效期，其电路原理如图 4-15 所示。热应力和电应力是加速电路失效的两种主要应力模式。老炼实验主要有以下几个特点：

（1）老炼实验是一种非破坏性的实验，只是对有潜在缺陷的电路起到诱发作用，而不引起电路整体筛选后的新失效机理或改变失效分布。

（2）老炼实验原则上是对电路整体进行 100%的实验。

（3）通过老炼实验只能改变电路的使用可靠性而不能改变单个电路的固有可靠性。

（4）实验条件的选择主要是依据电路的可靠性要求程度及其失效机理的特性。

（5）实验应力需要高于通常使用的应力水平以达到缩短实验时间的目的。

通常，老炼分为三个步骤，首先确定元器件的寿命分布；其次判断其寿命分布在早期是否为下降趋势；最后在挑选相应的老炼准则对远期将进行老炼。由此可见并不是所有元器件都适合通过老炼来提高可靠性。老炼实验通常分为 3 个阶段，即老炼前测试、老炼实验和老炼后测试。

（1）老炼前测试。主要是进行基本的电参数和功能测试，用以剔除含有质量缺陷的器件，避免此类器件占用老炼设备和资源。电参数测试主要是直流参数测试，包括保证测试接口与电路正常连接的接触测试、漏电流和驱动电流的测试和转换电平的测试等。

（2）老炼实验测试。老炼实验时，将电路置于老炼板上，并放入老炼烘箱中施加热应力和电应力，激发电路的早期失效。有时老炼实验中会包含一些简单电测试项目。

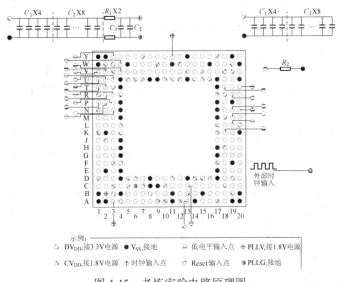

图 4-15　老炼实验电路原理图

（3）老炼后实验测试。老炼后测试是将经过老炼的电路进行全面的电参数测试，包括确定电路稳态时的直流参数测试、不同频率下与时间相关的交流参数测试和满足设计要求的功能性测试测试环境包括常温、高温和低温。

四、实验内容、方法及步骤

（1）老炼实验。

1）确定老炼条件，设计老炼图。根据要老炼电路的类型，选择适当的老炼条件（A-F）；再根据电路和老炼条件，设计老炼图。

2）作老炼板。按照设计的老炼图制作老炼板。

3）调好信号、电压。设好电压电流保护，设定电路老炼所需的电压及信号。

4）常温调试老炼板。在常温下，按照电路工作时的条件进行。

5）设置好温度，并设报警温度。按照电路老炼要求，设定所需的环境温度。

6）放入电路，高温老炼。将电路进行老炼实验，并设定好老炼时间。

7）结束老炼，取出电路，测试。

（2）焊点金相观察。

（3）焊点剪切强度测试。

五、实验注意事项

（1）布线问题。制作老炼板时，布线既要考虑到电路在工作过程中产生的电流大小，又要考虑到在布线时产生的电阻影响。线宽、线长则电阻大，会阻碍电压及信号的传送，大电流时，还有可能超过了布线所能承受的最大电流，以至烧坏布线。所以设计时要兼顾到既能满足电路工作时的电流要求，又要使电压和信号的传递衰减最小。

（2）噪声问题。在常温调试老炼板时经常会遇到噪声干扰等问题。在数字电路的老炼中，由于很多的开关动作会使电路本身产生噪声，或与印制电路板的有关电路产生共振，所产生的噪声会以某种形式传递到外部，引起电子设备的变化因此，在安装、调试老炼板时必须考虑到这点，并且在设计老炼板时就要引起注意。

为了抑制电源线上产生的噪声或外部噪声从电源线上侵入，可在电路的电源引脚与接地引脚之间接一个电容。

（3）环境温度控制问题。对于环境温度，即烘箱温度的控制，一定要严格避免温度过高，否则会使电路产生过大的温度应力；温度偏低，可能会达不到老炼的效果。因此要注意温度准确和稳定。

（4）失效电路的清除问题。在老炼过程中，一定要观察电路的运行情况，主要是通过观察电路的信号、电压、电流及电路的输出。因为有些缺陷明显的电路，在经过一段时间的高温工作后，它们本身的性能或参数会发生变化，从而对输入电压、电流、输入信号或输出信号产生影响，使其不正常。这时，一定要查出有问题的电路并取出，以免影响到其他电路的老炼。否则，因电压或输入信号变化了，老炼需要的条件发生了变化，再接着老炼，电路就不能按实际情况工作，老炼就达不到目的。

（5）老炼结束时的冷却问题。当老炼结束后，不要急于取出电路进行测试因为如果电路突然失去了电应力和迅速降温会使电路本身的工艺参数发生一些变化，产生非老炼的失效或电路的性能受到影响。一定要先冷却到35℃之后，再去掉各种偏置，取出电路，在常温下进行电性能和参数测试（必须在规定时间内测试完毕，否则要按规定进行再老炼）。

六、实验结果整理与分析

整理实验结果，填入表4-7中。

表 4-7　老炼实验结果

实验编号	额定电压 U/V	上限电压 U/V	下限电压 U/V	老炼实验温度 $T/℃$	保温时间 t/min	焊点表面形貌	焊点剪切性能
1							
2							
3							
4							
5							
6							
7							
8							
9							
10							
11							

分析不同老炼实验温度和时间下电子元器件的故障率，并对失效焊点表面形貌和焊点剪切性能进行系统观察。

七、思考题

（1）如何判断老炼实验中的失效问题？

（2）老炼实验中，电应力和热应力分别对元器件有什么影响？

实验 4-6　冷热冲击实验

一、实验目的

（1）了解冷热冲击实验的方法及其原理。

（2）掌握冷热冲击实验评估的方法及主要内容。

（3）了解微焊点失效行为。

二、实验材料及设备

（1）微锡焊点。

（2）金相实验设备。

（3）MFM1200 型多功能剪切力测试仪。

（4）冷热冲击实验箱。

三、实验原理

冷热冲击实验又名温度冲击实验或高低温冲击实验，是将实验样品交替暴露于低温和高温空气（或合适的惰性气体）中，使其经受温度快速变化的影响，用以确定元件、设备和其他产品经受环境温度迅速变化的能力。用于考核产品对周围环境温度急剧变化的适应性，是装备设计定型的鉴定实验和批产阶段的例行实验中不可缺少的环节，在有些情况下也可以用于环境应力筛选实验。可以说冷热冲击实验在验证和提高装备的环境适应性方面应用的频度仅次于振动与高低温实验。

高温和低温的失效都会反映在冷热温度冲击实验中，冷热冲击实验加速了高温和低温失效的产生。实际生产或使用环境中存在的具有代表性的冷热温度冲击环境是导致产品失效的主要原因：

（1）温度的极度升高导致焊锡回流现象出现。

（2）启动马达时周围器件的温度急速升高，关闭马达时周围器件会出现温度骤然下降。

（3）设备从温度较高的室内移到温度相对较低的室外，或者从温度相对较低的室外移到温度较高的室内。

（4）设备可能在温度较低的环境中连接到电源上，导致设备内部产生陡峭的温度梯度；在温度较低的环境中切断电源可能会导致设备内部产生相反方向陡峭的温度梯度。

（5）设备可能会因为降雨而突然冷却。

（6）当航空器起飞或者降落时，航空器机载外部器材可能会出现温度的急剧变化。升温/降温速率不低于 30℃/min。温度变化范围很大，同时实验严酷度还随着温度变化率的增加而增加。

如图 4-16 所示为典型的冷热冲击温度循环曲线，实验样品经理过一个低温和一个高温之后就成为一个温度循环。

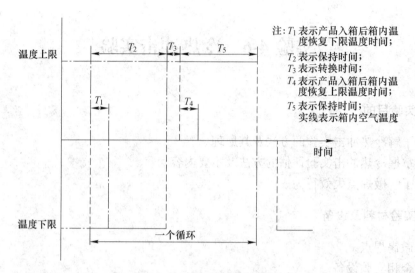

图 4-16 冷热冲击温度曲线

冷热冲击实验设备由低温箱、高温箱、制冷系统、加热系统、控制系统、转换装置等设备组成。其设备组成图如图 4-17 所示。低温箱为冷热冲击实验提供低温平台，同时也可以单独进行低温实验；高温箱为冷热冲击实验提供高温平台，同时可以进行高温实验；制冷系统为低温箱提供低温环境；加热系统为高温箱提供高温环境；控制系统完成对设备和实验过程的控制和测量；转换装置用于实验过程中试件的转换。

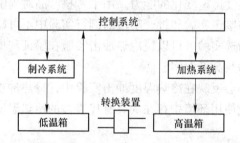

图 4-17 冷热冲击实验箱系统组成

为保证冷热冲击实验指标要求，需要对箱体结构、气流流通方式进行精心设计。低温箱结构应满足设备由常温到要求低温的制冷和温度冲击过程中迅速制冷的要求，并保证箱内气流和温度均匀性要求；高温箱结构应满足方便设备由常温到要求高温的加热和温度冲击过程中迅速加热的要求，并保证箱内气流和温度均匀性要求。

气流组织方式是设备设计中的重要环节。常用的送风方式有上侧送下侧回和全面孔板顶送下侧回的方式。由于全面孔板送风方式具有气流混合快、混合好、气流均匀平行扩散、温差和风速衰减快的优点，从而使工作区温度和气流速度分布更加均匀。因此低温箱、高温箱气流循环方式采用全面孔板送风下侧回风方式，其气流循环过程为：风机抽吸的箱内气流和制冷系统产生冷空气或加热系统产生的热空气混合，再沿循环风道进入稳压层使气流均流均压后送入箱内。

低温箱和高温箱均采用钢框架围护结构，加装保温层。在距顶壁一定高度装全面孔板，全面孔板与顶壁形成稳压层，箱前端为大门，箱后端设循环风道和循环风机。低温箱、高温箱结构示意图如图 4-18 所示。

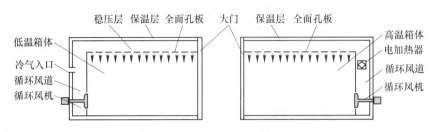

图 4-18 低温箱、高温箱结构示意图

为实现快速转换的功能，转换装置采用轨道式转换方式，由轨道车和试件车组成。转换装置结构示意图如图 4-19 所示。试件车作为试件的支架，和试件一起在两个箱之间转移和实验；轨道车用于将试件和试件车由一个箱迅速转换到另一个箱，下设转轮在地面轨道上滚动，上设轨道方便和两个箱内轨道的对接和试件小车的移动。

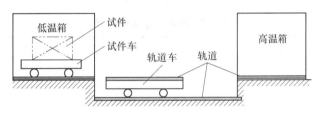

图 4-19 转换装置结构示意图

四、实验内容、方法及步骤

（1）冷热冲击实验。

1）开机前检查。

①冷却水是否打开。

②测试样品是否放入测试室内。

③各电源是否连接完好。

2）开机。打开控制面板下方的金属门，按下电源开关，控制面板亮起。

3）操作。开启电源后，直接用手接触控制面板上的设定提示。首先点击"程序设定"，根据提示依次设定待测样品所需的实验条件。在做与以前有相同条件实验的样品测试时，点击"已建立"键，从其中调选已有程序进行。所有条件设定后，回运转界面，点击"启动"键。

4）关机。测试结束后，关闭电源开关，结束半小时后取出实验样品。

（2）焊点金相组织观察。

（3）焊点剪切强度测试。

五、实验注意事项

（1）冲击实验设备在操作当中，除非有绝对必要，请不要打开箱门。

（2）避免于三分钟内关闭再开启冷冻机组。

（3）测试样品用的电源，请勿接于本机电源。

（4）照明灯除必要时打开外，其余时间应关闭。

（5）实验时，在低温箱温度超过55℃的情况下，不可开启冷机。

（6）电路断路器、超温保护器，请定期检查。

（7）在做低温前，应将工作室擦干，60℃时烘干1h。

（8）禁止实验爆炸性、可燃性及高腐蚀性物质。

（9）提篮导轨和齿条要定期加润滑油。

（10）在垂直于主导风向的任何截面上，实验负载截面面积之和应不大于该处工作截面的三分之一。

（11）被测样品要尽可能地固定在样品架正中，不可随意放之一侧，导致提篮倾斜。

六、实验结果整理与分析

整理实验结果，填入表4-8中，分析表中的数据。

表 4-8　冷热冲击实验结果

实验编号	低温温度 T_1 /℃	保温时间 t_1 /min	高温温度 T_2 /℃	保温时间 t_2 /min	循环次数	焊点表面形貌	焊点剪切性能
1							
2							
3							
4							
5							
6							
7							

七、思考题

（1）列举电子产品在实际生活中出现的冷热冲击情形。

（2）冷热冲击实验与热循环实验的失效模式有何异同点？

实验 4-7　流动混合气体腐蚀实验

一、实验目的

（1）了解流动混合气体腐蚀实验的原理及其方法。

（2）掌握流动混合气体腐蚀实验中焊点失效行为。

（3）掌握流动混合气体腐蚀实验的评价方法。

二、实验材料及设备

（1）微锡焊点。

（2）金相实验设备。

（3）MFM1200 型多功能剪切力测试仪。

（4）混合气体腐蚀试验箱。

三、实验原理

由于制造业不断发展，交通运输车辆日益增加，排放出大量的废气和污染物，严重污染了大气环境。电子产品在其研发、设计、制造及消费阶段，都不同程度地暴露在大气环境当中。大气环境中的一些废气，在一定的温湿度条件下，对电子产品元器件、整机或材料，特别是接触件和连接件，具有明显的腐蚀作用，严重影响了产品的电性能和使用可靠性。如何提高产品的抗腐蚀能力，成为工程技术人员不可回避的问题。

腐蚀气体实验是利用 H_2S、NO_2、Cl_2、SO_2 等几种气体，在一定的温度和相对的湿度的环境下对材料或产品进行加速腐蚀，重现材料或产品在一定时间范围内所遭受的破坏程度，用于确定电工电子产品元件、设备与材料等抗腐蚀能力。如图 4-20 所示为流动混合气体腐蚀实验的设备结构图。

在常用的混合气体当中，每种气体都有其存在的腐蚀作用，如 H_2S 对许多金属材料，尤其是对银和铜均有较强的腐蚀作用。银材料在 H_2S 的作用下会导致接触阻抗增加。相对于银质材料，铜质材料会出现更大的腐蚀质量变化，但接触阻抗的改变则比银质材料低。虽然大气环境中 H_2S、NO_2、Cl_2、SO_2 等气体的浓度比较低，但这几种气体会相互作用生成强酸，形成"倍乘效应"，加速了电子元器件的腐蚀。气体化学反应生成的强酸，包括硝酸（HNO_3）及盐酸（HCl）等，并有水分的生成。

混合流动气体腐蚀实验是一项精细的测试。实验结果的准确度，需从各个环节进行保障，如气源质量、试验箱的控制、气体浓度的调节和监测、样件腐蚀监测和评析等。同时，该实验对安全防护措施也提出了较高要求。

（1）气源要求。一般气体供应系统应当由五个主要部分组成：干净的、干燥的、过滤的空气源；湿度源；腐蚀空气源；气体传送系统和一个或多个气体浓度控制系统。使用的腐蚀气体应有足够的纯度以保证实验效果。容器内的腐蚀气体一般用 N_2 进行平衡。气源容器要有足够的压力以实现气体的供应且能和腐蚀试验箱电磁阀相匹配。除规定的腐蚀

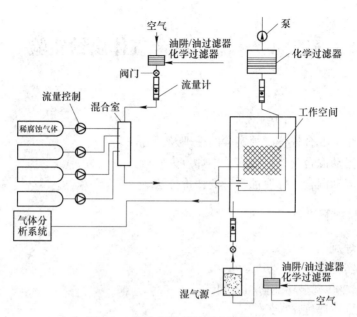

图 4-20   混合气体腐蚀设备结构图

气体外，如果气源容器还装有其他活性气体，则其浓度应不超过腐蚀气体浓度的 0.1%。允许某些气体有更高的浓度，如 NO_2 中的 NO，最大可达 SO_2 浓度的 10%。实验所用的气体应能连续稳定地供给，并符合一般标准规定的气体更换量要求，例如试验箱内容积的 3~10 倍/h。

（2）气体供给时间的评估。混合流动气体腐蚀实验一般测试的时间都较长，气体供应的连续性和稳定性对实验结果有着重要的影响。因此，实验前评估钢瓶内气体的可持续供给时间是很有必要的。

（3）气体浓度的调节和监测。在实验样品和腐蚀监测样件放入腐蚀箱之前，应确保温湿度及各种气体的浓度已经调整到要求值，不得在实验样品和腐蚀监测样件放入箱内后才进行调节，否则会累计在样品的腐蚀应力上，使得实验结果出现偏差。气体浓度调节后，还需至少每 24h 对实际的气体浓度进行监测。以 GH-180 型设备为例，其监测气体浓度是通过手动气体采样器将气体送入气体检测管而得出。气体检测管内装有反应指示剂，这些指示剂是经过科学配方、计量和实验验证而确定的，并附着在颗粒体表面。反应指示剂一旦和被检测气体反应，会出现鲜明且稳定的颜色变化层。将该变色层与检测管上的刻度进行对照，就可确定被检测气体的浓度。不同浓度的检测需选用对应量程的检测管，而且每种检测管只可检测对应的单种气体，不能重复使用。在监测气体浓度时，应注意抽取气体的体积数，过少或过量的气体体积会导致浓度数据偏小或偏大。另外，读取检测管的刻度值时应力求准确，减小读数误差。总之，调节和监测气体浓度时，在操作细节方面应特别注意。实验样品和腐蚀监测样件应均匀分布于试验箱内，它们之间不能相互接触，也不能相互遮挡实验气体。实验中温度、湿度和气体浓度应保持在规定的范围内。允许在实验期间打开试验箱，但开箱的次数应予以限制。

（4）样品腐蚀效果的评估。评估实验对于样品腐蚀的效果，需要运用有效的手段去进行监测，腐蚀监测样件是评估试验箱腐蚀的有效手段，因为它们可以在不同实验室中以同样的手段进行置备，并且能够提供一个理想的平面，使之没有实际连接的复杂性而能够容易地发现特点。腐蚀监测一般有 3 种方法：1）铜片增重法；2）表面分析；3）外观检查。

四、实验内容、方法及步骤

（1）混合气体腐蚀实验。

1）将样品放置到试验箱中。

2）通入 Cl_2 到试验箱中。

3）调节通入速率保证 Cl_2 浓度符合要求，同时调节换气速率使得 Cl_2 浓度误差在要求的范围内。

4）记录 Cl_2 的浓度值。

5）通入 H_2S、NO_2、SO_2 三种气体。

6）调节三种气体的通入速率，保证三种气体符合要求。同时调节换气速率使得三种气体浓度误差在规定的范围内。

7）记录三种气体的浓度范围值。

8）开始 10 天的实验。

9）维持湿度的稳定。

10）在实验开始前和结束后清洗湿度传感器。

11）监测 NO_2、SO_2、H_2S 三种气体的浓度。为了保证气体浓度在误差范围内，可以通过换气速率进行调整。

12）5 天后取出铜片，并记录其增重量。

13）在实验第 5 天将清洗过的新铜片放置在旧铜片的位置上，替换以前的铜片。

14）腐蚀试验箱在无光照的条件下。

15）记录 NO_2、SO_2、H_2S 三种气体的浓度。

16）停止通入气体，记录 Cl_2 气的浓度，关闭 Cl_2 气。

17）取出实验样品和实验样片。

（2）焊点金相组织观察。

（3）焊点剪切强度测试。

五、实验注意事项

实验中使用的气体多数属于有毒有害气体，尽管浓度低微，对环境和人体还是有一定的影响和危害。流动性气体腐蚀实验过程中，不断地从试验箱内排除出气体，因此，需要采取措施最大程度地进行尾气处理以减轻其危害。活性炭具有较强的物理吸附作用，是一种常用的尾气处理材料。此外，NaOH 溶液也是常用的处理溶剂，通过中和作用减少尾气的排出。

进行气体腐蚀实验，做好安全防患措施是必须的。一些实验用的气体具有剧毒性，如 Cl_2，实验人员必须具备强烈的安全意识，必须知道潜在的危险，应熟悉处理气体和操作实验设备的正确方法，了解并掌握紧急情况下的处置方法。开箱取样或检测气体浓度过程中需佩戴防毒面具；条件许可的话，实验室内应安装抽风设施及气体浓度监测报警装置。

六、实验结果整理与分析

整理实验结果，填入表4-9中，分析表中的数据。

表4-9　流动混合气体腐蚀实验

实验编号	Cl_2浓度	SO_2浓度	NO_2浓度	腐蚀时间	焊点增重	失效焊点数量
1						
2						
3						
4						
5						
6						
7						

七、思考题

（1）在锡焊点接头中，锡点和基板在混合气体中的腐蚀有何差异？

（2）如何提高焊点的抗混合气体腐蚀能力？

实验 4-8　盐 雾 实 验

一、实验目的

（1）了解环境实验的方法及其原理。

（2）掌握盐雾实验焊点的失效机理。

（3）掌握盐雾实验焊点失效的评价方法。

二、实验材料及设备

（1）电子产品。

（2）盐雾实验设备。

（3）金相实验设备。

（4）MFM1200 型多功能剪切力测试仪。

三、实验原理

（一）盐雾实验原理

盐雾对金属材料的腐蚀主要是导电的盐溶液渗入金属内部发生电化学反应，形成"低电位金属–电解质溶液–高电位杂质"微电池系统，发生电子转移，作为阳极的金属出现溶解，形成新的化合物即腐蚀物。当作为电解质的盐溶液渗入内部后，便会形成以金属为电极和金属保护层或有机材料为另一电极的微电池。

盐雾腐蚀破坏过程中起主要作用的是氯离子。它具有很强的穿透本领，容易穿透金属氧化层进入金属内部，破坏金属的钝态。同时，氯离子具有很小的水合能，容易被吸附在金属表面，取代保护金属的氧化层中的氧，使金属受到破坏。

除了氯离子外，盐雾腐蚀机理还受溶解于盐溶液里氧的影响。氧能够引起金属表面的去极化过程，加速阳极金属溶解，由于盐雾实验过程中持续喷雾，不断沉降在试样表面上的盐液膜，使含氧量始终保持在接近饱和状态。腐蚀产物的形成，使渗入金属缺陷里的盐溶液的体积膨胀，因此增加了金属的内部应力，引起了应力腐蚀，导致保护层鼓起。

盐雾环境实验是利用一种具有一定容积空间的实验设备——盐雾试验箱（图 4-21），在其容积空间内用人工的方法，造成盐雾环境来对产品的耐盐雾腐蚀性能质量进行考核。它与天然环境相比，其盐雾环境的氯化物的盐浓度，可以是一般天然环境盐雾含量的几倍或几十倍，使腐蚀速度大大提高，对产品进行盐雾实验，得出结果的时间也大大缩短。在天然暴露环境下对样品进行实验，待其腐蚀可能要 1 年，而在人工模拟盐雾环境条件下实验，只要 24h，即可得到相似的结果。人工模拟盐雾实验包括中性盐雾实验、醋酸盐雾实验、铜盐加速醋酸盐雾实验、交变盐雾实验。

（1）中性盐雾实验（NSS 实验）是出现最早目前应用领域最广的一种加速腐蚀实验方法。它采用 5% 的氯化钠盐水溶液，溶液 pH 值调在中性范围（6~7）作为喷雾用的溶液。实验温度均取 35℃，要求盐雾的沉降率在 $1\sim2mL/80cm^2 \cdot h$ 之间。

（2）醋酸盐雾实验（ASS 实验）是在中性盐雾实验的基础上发展起来的。它是在 5% 氯化钠溶液中加入一些冰醋酸，使溶液的 pH 值降为 3 左右，溶液变成酸性，最后形成的盐雾也由中性盐雾变成酸性。它的腐蚀速度要比 NSS 实验快 3 倍左右。

（3）铜盐加速醋酸盐雾实验（CASS 实验）是国外新近发展起来的一种快速盐雾腐蚀实验，实验温度为 50℃，盐溶液中加入少量铜盐—氯化铜，强烈诱发腐蚀。它的腐蚀速度大约是 NSS 实验的 8 倍。

（4）交变盐雾实验是一种综合盐雾实验，它实际上是中性盐雾实验加恒定湿热实验。它主要用于空腔型的整机产品，通过潮态环境的渗透，使盐雾腐蚀不但在产品表面产生，也在产品内部产生。它是将产品在盐雾和湿热两种环境条件下交替转换，最后考核整机产品的电性能和机械性能有无变化。

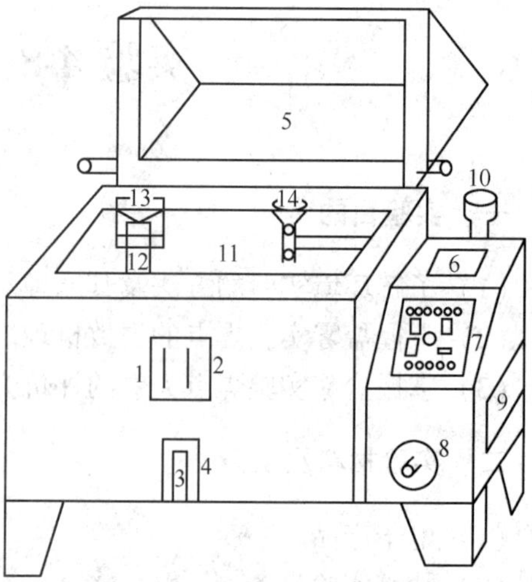

图 4-21　盐雾试验箱结构图

1—干球；2—湿球；3—计量筒；4—计量筒护门；
5—机盖；6—盐水补充瓶；7—操作面板；8—调压阀；
9—配电箱；10—压力桶手动加水入口；11—实验室；
12—喷塔；13—雾量调节器；14—雾量收集筒

（二）盐雾实验的影响因素

影响盐雾实验结果的主要因素包括：实验温湿度、盐溶液的浓度、样品放置角度、盐溶液的 pH 值、盐雾沉降量和喷雾方式等。

（1）实验温湿度。温度和相对湿度影响盐雾的腐蚀作用。金属腐蚀的临界相对湿度大约为 70%。当相对湿度达到或超过这个临界湿度时，盐将潮解而形成导电性能良好的电解液。当相对湿度降低，盐溶液浓度将增加直至析出结晶盐，腐蚀速度相应降低。实验温度越高盐雾腐蚀速度越快。这是因为温度升高，分子运动加剧，化学反应速度加快的结果。对于中性盐雾实验，大多数学者认为实验温度选在 35℃ 较为恰当。如果实验温度过高，盐雾腐蚀机理与实际情况差别较大。

（2）盐溶液的浓度。盐溶液的浓度对腐蚀速度的影响与材料和覆盖层的种类有关。浓度在 5% 以下时钢、镍、黄铜的腐蚀速度随浓度的增加而增加；当浓度大于 5% 时，这些金属的腐蚀速度却随着浓度的增加而下降。上述现象与盐溶液里的氧含量有关，氧具有较强的去极化能力。盐溶液在低浓度范围内，氧含量随盐浓度的增加而增加，当盐浓度增加到 5% 时，氧含量达到相对的饱和，盐浓度继续增加，氧含量则相应下降。氧含量下降，氧的去极化能力也下降即腐蚀作用减弱。但对于锌、镉、铜等金属，腐蚀速度却始终随着盐溶液浓度的增加而增加。

（3）样品的放置角度。样品的放置角度对盐雾实验的结果有明显影响。盐雾的沉降方向是接近垂直方向的，样品水平放置时，它的投影面积最大，样品表面承受的盐雾量也最多，因此腐蚀最严重。

（4）盐溶液的 pH 值。盐溶液的 pH 值是影响盐雾实验结果的主要因素之一。pH 值越低，腐蚀性也越强。由于受到环境因素的影响，盐溶液的 pH 值会发生变化。为此国内外的盐雾实验标准对盐溶液的 pH 值范围都作了规定，并提出稳定实验过程中盐溶液 pH 值的办法，以提高盐雾实验结果的重现性。

（5）盐雾沉降量和喷雾方式。盐雾颗粒越细，所形成的表面积越大，被吸附的氧越多，腐蚀性也越强。直径 1μm 的盐雾颗粒表面所吸附的氧量与颗粒内部溶解的氧量是相对平衡的。盐雾颗粒再小，所吸附的氧量也不再增加。而自然界中 90% 以上盐雾颗粒的直径为 1μm 以下。传统的喷雾方法包括气压喷射法和喷塔法，最明显的缺点是盐雾沉降量均匀性较差，盐雾颗粒直径较大。超声雾化法借用超声雾化原理将盐溶液直接雾化成盐雾并通过扩散进入实验区，解决了盐雾沉降量均匀性差的问题，而且盐雾颗粒直径更小。

三、盐雾实验的评定方法

盐雾实验的目的是为了考核产品或金属材料的耐盐雾腐蚀质量，而盐雾实验结果判定正是对产品质量的宣判，它的判定结果是否正确合理，是正确衡量产品或金属抗盐雾腐蚀质量的关键。盐雾实验结果的判定方法有：评级判定法、称重判定法、腐蚀物出现判定法、腐蚀数据统计分析法。

（1）评级判定法，是把腐蚀面积与总面积之比的百分数按一定的方法划分成几个级别，以某一个级别作为合格判定依据，它适合对平板样品进行评价。

（2）称重判定法，是通过对腐蚀实验前后样品的重量进行称重的方法，计算出受腐蚀损失的重量来对样品耐腐蚀质量进行评判，它特别适用于对某种金属耐腐蚀质量进行考核。

（3）腐蚀物出现判定法，是一种定性的判定法，它以盐雾腐蚀实验后，产品是否产生腐蚀现象来对样品进行判定，一般产品标准中大多采用此方法。

（4）腐蚀数据统计分析方法，提供了设计腐蚀实验、分析腐蚀数据、确定腐蚀数据的置信度的方法，它主要用于分析、统计腐蚀情况，而不是具体用于某一具体产品的质量判定。

四、实验内容、方法及步骤

（1）盐雾实验。

1）先将电源线，空压管道连接接至机台后方。

2）将入水管接至入水口，本机有自动加水装置，故须接入水管，否则无法正常动作，如无自来水管请用手动加水装置操作。

3）排水管及排气管连接完成，如前页所示。

4）将密封水槽加水至垫板位置，调配实验溶液，将其 pH 值调至 6.5 至 7.2 之间。

5）将盐水倒入盐液补充瓶，即自动填充盐水进入实验室内预热槽，使药水流至盐水预热槽，经济型 15L，标准型 30L。

6）湿球杯加水，湿球温度计覆着纱布，纱布末端置于湿球杯内。

7）放置试片或试样于置物架上。

8）设定实验温度。

9）按下电源操作按键，先行预温，到达至设定温度。

10）按下喷雾按键。

11）按下计时按键，依所设定时间计时。

12）实验完毕，依顺序将开关关闭。

（2）微焊点剪切强度测试。

五、注意事项

盐雾实验应注意的几个问题：

（1）在喷雾过程中，要防止试验箱内湿度过高，以免出现凝露而隔绝了盐雾的作用。

（2）样品数通常 1~5PCS，样品之间的距离应能保证使盐雾自由沉附在全部受试样品表面上，而且应防止一个样品上的盐溶液滴在其他样品上。

（3）试样不能触及试验箱的盖和壁以防盐液直接流到试样上。

（4）盐雾不能直接喷射在试样上。

（5）排雾管应经常检查，不能让其堵塞。

（6）盐液箱中的盐液不能低于盐液箱的下限标记，以免影响喷雾效果。

（7）实验期间，没有特殊情况，不要打开盐雾箱盖。

（8）注意观察盐雾箱上部密封槽中的水位，不能让其干掉，太少时应及时加到 2/3 槽深，以防盐雾漏入空气中。

（9）实验后，产品应用冷水冲洗，除去盐的沉积物并干燥，然后进行检查。

六、实验结果整理与分析

整理实验结果，填入表 4-10 中，分析表中的数据。

表 4-10　盐雾实验结果

实验编号	盐雾浓度 /mg·m^{-3}	盐雾沉积量 /（mg/m^3）·d^{-1}	时间 t /min	焊点增重	焊点剪切性能
1					
2					
3					
4					
5					
6					
7					

七、思考题

（1）盐雾实验会导致电子产品出现何种腐蚀效应？

（2）在盐雾腐蚀实验中，焊点与基板分别有何种腐蚀机制？

5 电子微连接技术实验

实验 5-1 超薄材料激光微焊接技术

一、实验目的

（1）了解激光焊接的原理、特征，激光微焊接技术的特点和应用。

（2）掌握薄片状材料激光微焊接的焊前准备要求、焊接过程特点。

（3）掌握工艺参数对 0.1mm 厚度不锈钢激光微焊接焊缝成形的影响规律。

二、实验材料及设备

（1）激光微焊接系统（SYSMA 牌 SL-80 型）。

（2）电脑。

（3）氩气。

（4）工装夹具。

（5）手持放大镜。

（6）0.1mm 厚不锈钢片。

（7）水砂纸。

三、实验原理

激光是指活性物质（工作物质）受到激励、产生辐射，通过光放大而产生一种单色性好、方向性强、光亮度高的光束。经透射或反射镜聚焦后可获得直径小于 0.01mm、功率密度高达 $10^6 \sim 10^{12} \mathrm{W/cm^2}$ 的能束，可用作焊接、切割及材料表面处理的热源。

（一）激光焊原理

激光焊接是指使用经光学系统聚焦后具有高功率密度的激光束照射到被焊材料表面，利用该材料对光能的吸收对其进行加热、熔化，再经过冷却结晶而形成焊接接头的一种熔化焊过程。这个过程极其复杂，微观上是一个量子过程，宏观上则表现为反射、吸收、熔化、气化等现象。

（1）光的反射及吸收。当光束照在清洁磨光的金属表面时。一般都存在着强烈的反射。这是因为金属中存在密度很大的自由电子，其数量级为 10^{22} 个 $/\mathrm{cm^3}$，在光束的照射下，自由电子因受光波电磁场的影响而作强迫振动并产生次波，这些次波造成了强烈的反射波和较弱的传到金属内部的透射波。

金属对光束的反射能力与它所含的自由电子密度有关，一般情况下，自由电子密度越大（即电导率越大），反射本领越强。

（2）材料的加热及熔化。金属对激光的吸收实际也是光能向金属的传输。一旦激光光子入射到金属晶体，光子即与电子发生非弹性碰撞，光子将其能量传递给电子，使电子由原来的低能级跃迁到高能级。与此同时，金属内部的电子之间也在不断地互相碰撞。每个电子两次碰撞间的平均时间间隔为 10^{-13} s 个数量级，因此，吸收了光子而处于高能级的电子将在与其他电子的碰撞以及与晶格的相互作用中进行能量的传递。光子的能量最终转化为晶格的热振动能，引起材料温度升高，并以热传导的方式向四周或内部传播，改变材料表面及内部温度。

（3）激光作用终止、熔化金属凝固。焊接过程中，当工件和光束作相对运动时，由于剧烈蒸发产生的强驱动力使小孔前沿形成的熔化金属沿某一角度运动，在小孔后的近表面处形成如图 5-1 所示的大旋涡，此后，小孔后方液体金属由于传热的作用，温度迅速降低，液体金属很快凝固，形成焊缝。

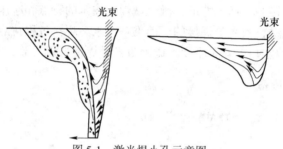

图 5-1　激光焊小孔示意图

（二）激光焊的特点

与常规电弧焊方法相比，激光焊具有以下特点：

（1）聚焦后的激光束功率密度可达 $10^5 \sim 10^7$ W/cm^2，甚至更高，加热速度快，热影响区窄，焊接应力和变形小，易于实现深熔焊和高速焊，特别适于精密焊接和微细焊接。

（2）可获得深宽比大的焊缝，焊接厚件时可不开坡口一次成形。激光焊的深宽比目前已超过 12∶1。

（3）适用于焊接一般焊接方法难以焊接的材料，如难熔金属、热敏感性强的金属以及热物理性能差异悬殊、尺寸和体积悬殊工件间的焊接；甚至可用于非金属材料的焊接，如陶瓷、有机玻璃等。

（4）可借助反射镜使光束达到一般焊接方法无法施焊的部位；YAG 激光和半导体激光可通过光导纤维传输，可达性好。

（5）可穿过透明介质对密闭容器内的工件进行焊接，如可用于置于玻璃密封容器内的铍合金等剧毒材料的焊接。

（6）激光束不受电磁干扰，不存在 X 射线防护问题，也不需要真空保护。

与此同时，激光焊接也存在以下缺点：

（1）激光焊难以焊接反射率较高的金属。

（2）对焊件加工、组装、定位要求相对较高。

（3）设备一次性投资大。

（三）激光焊接系统的组成

激光焊接系统主要由激光器、光学系统、激光加工机床、辐射参数传感器、控制系统等组成，如图 5-2 所示。目前，工业加工的激光器，主要是固体激光器和气体激光器两大类，按输出的方式可分为脉冲激光器和连续激光器，不管采用哪种焊接设备，它们的组成大都相似。

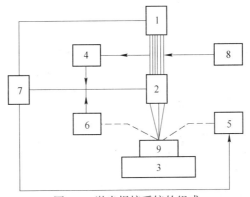

图 5-2　激光焊接系统的组成

1—激光器；2—光学系统；3—激光加工机床；4—辐射参数传感器；5—工艺介质输送系统；
6—工艺参数传感器；7—控制系统；8—准直用 He-Ne 激光器；9—工件

（1）激光器。激光器是激光焊接设备中的重要部分，提供加工所需的光能。对激光器的要求是稳定、可靠、能长期正常运行。对焊接和切割而言，要求激光的横模为低阶段或基模、输出功率（连续激光器）或输出能量能根据加工要求进行精密调节。

（2）光学系统。光学系统用以进行光束的传输和聚焦，在进行大功率或大能量传输时，必须采取屏蔽以免对人造成危害。有些先进设备在激光输出开关打开之前，激光器不对外输出。聚焦在小功率系统中多采用透镜，在大功率系统中一般采用反射聚焦镜。

（3）激光加工机床。激光加工机床的作用在于使工件和光束产生相对运动。激光加工机床的精度在很大程度上决定了焊接或切割的精度，加工机床都是采用数控以确保精度。

（4）辐射参数传感器。主要用于检测激光器的输出功率并通过校正，进行实时控制。

（5）工艺介质输送系统。焊接时该系统的主要功能有：

1）输送惰性气体，保护焊缝。

2）大功率 CO_2 焊接时，由于溶池温度高，往往在其上方产生蒸气等离子体，该等离子会对光束产生吸收和反射，减小能量利用率，使熔深变浅，这时，输送适当的气体可将焊缝上方的等离子体吹走。

3）针对不同的焊接材料，输送适当的混合气以增加熔深。

（6）工艺参数传感器。主要用于检测加工区域的温度、工件的表面状况以及等离子体的亮度等参数值，并进行必要的调整。

（7）控制系统。主要作用是输入参数并对参数进行实时显示、控制，进行程序间的互锁、保护以及报警等。

（四）脉冲激光焊工艺及参数

脉冲激光焊时，每个激光脉冲在金属上形成一个焊点。焊件是由点焊或由点焊搭接成的缝焊方式实现连接的。由于其加热斑点很小，因而主要用于微型、精密元件和一些微电子元件的焊接。

脉冲激光焊有五个主要焊接参数：脉冲能量、脉冲宽度、脉冲形状、功率密度和离焦量。

（1）脉冲能量。脉冲激光焊时，脉冲能量决定了加热能量大小，它主要影响金属的熔化量。脉冲能量主要取决于材料的热物理性能，特别是热导率和熔点。导热性好、熔点低的金属易获得较大的熔深。

（2）脉冲宽度。脉冲宽度主要影响熔深，进而影响接头强度。脉冲能量一定时，对于不同的材料，各存在一个最佳脉冲宽度，此时焊接熔深最大。脉冲加宽，熔深逐渐增加，当脉冲宽度超过某一临界值时，熔深反而下降。对于每种材料，都有一个可使熔深达到最大的最佳脉冲宽度。钢的最佳脉冲宽度为 $(5\sim8)\times10^{-3}$ s。

（3）脉冲形状。由于材料的反射率随工件表面温度的变化而变化，所以，脉冲形状对材料的反射率有间接影响。激光开始作用时，由于材料表面温度为室温，反射率很高；随着温度的升高，反射率迅速下降；当材料处于熔化状态时，反射率基本稳定在某一值；当温度达到沸点时，反射率又一次急剧下降。

对大多数金属来讲，在激光脉冲作用的开始时刻，反射率都较高，因而可采用带前置尖峰的光脉冲，见图5-3。前置尖峰有利于对工件的迅速加热，可改善材料的吸收性能，提高能量的利用率，尖峰过后平缓的主脉冲可避免材料的强烈蒸发，这种形式的脉冲主要适用于低重复频率焊接。而对高重复频率的焊缝来讲，由于焊缝是由重叠的焊点组成，光脉冲照射处的温度高，因而，宜采用如图5-4所示的光强基本不变的平顶波。而对于某些易产生热裂纹和冷裂纹的材料，则可采用如图5-5所示的三阶段激光脉冲，从而使工件经历预热→熔化→保温的变化过程，最终可得到满意的焊接接头。

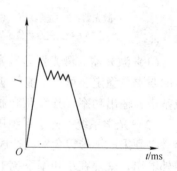

图5-3　带前置尖峰的激光脉冲波形

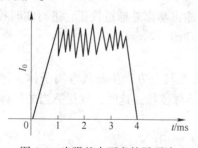

图5-4　光强基本不变的平顶波

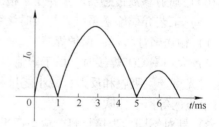

图5-5　三阶段激光脉冲波形

（4）功率密度。在脉冲激光焊中，要尽量避免焊点金属的过量蒸发与烧穿，因而合理地控制输入到焊点的功率密度是十分重要的。

功率密度（power density）为：

$$PD = \frac{4E}{\pi d^2 t_P}$$

式中　　E——激光能量；

　　　　d——光斑直径；

　　　　t_p——脉冲密度。

焊接过程金属的蒸发还与材料的性质有关，即与材料的蒸汽压有关，蒸汽压高的金属易蒸发。另外，熔点与沸点相差大的金属，焊接过程易控制。大多数金属达到沸点的功率密度范围约在 $10^5 \sim 10^6 \mathrm{W/cm^2}$ 以上。对功率密度的调节可通过改变脉冲能量、光斑直径、脉冲宽度以及激光模式等实现。

（5）离焦量。离焦量 F 是指焊接时焊件表面离聚焦激光束最小斑点的距离（也称为入焦量）。激光束通过透镜聚焦后，有一个最小光斑直径，如果焊件表面与之重合，则 $F=0$；如果焊件表面在它下面，则 $F>0$，称为正离焦量；反之则 $F<0$，称为负离焦量。

一定的离焦量可以使光斑能量的分布相对均匀，同时也可获得合适的功率密度。尽管正负离焦量相等时，相应平面上的功率密度相等，然而，两种情况下所得到的焊点形状却不相同。负离焦时的熔深比较大，这是因为，负离焦时，小孔内的功率密度比工件表面的高，蒸发更强烈。因此，要增大熔深时，可采用负离焦；而焊接薄材料时，则宜采用正离焦。

四、实验内容、方法及步骤

（1）了解激光器结构、工作台结构、控制系统、水路和气路。掌握激光功率、焊接速度、离焦量、气体流量等工艺规范参数的调节方法。

（2）根据所焊材料的牌号及厚度，选择合适的焊接工艺规范。根据拟定的方案进行试焊，并在焊接过程中观察等离子体的稳定性和焊缝成形质量，修正拟定的焊接规范参数，以获得稳定的焊接等离子体和成形良好的焊缝。这种修正后的规范便可认为是较好规范，记录实验结果。

（3）在固定其他参数的条件下，以较好工艺规范的激光功率为标准，以 1.6W 为一档，把功率调大与调小，以 6~10 个不同的功率值进行焊接。观察并记录激光功率对焊接等离子体及熔池声音的稳定性影响。焊后用游标卡尺测量焊缝的正面和背面熔宽。

（4）在固定其他参数的条件下，以较好工艺规范的脉冲宽度为标准，以 0.2ms 为一档，把脉冲宽度调大与调小，以 6~10 个不同的脉冲宽度进行焊接。观察并记录脉冲宽度对焊接等离子体及焊缝成形以及表面状态的影响。

（5）在固定其他参数的条件下，以较好工艺规范的脉冲频率为标准，以 0.5Hz 为一档，把脉冲频率调大与调小，以 6~10 个不同的脉冲频率进行焊接。观察并记录脉冲频率对焊缝成形以及表面状态的影响。

五、实验注意事项

（1）激光器工作期间，切勿用眼睛正视激光束，也切勿让身体（如手）接触激光束，以免造成伤害。

（2）注意保持环境和设备的清洁，经常检查激光棒和光学元件是否被污染。

（3）如机器运行过程中，出现异常现象，则需断电（按下<紧急停机>及空气开关）检查。

（4）激光光学系统必须封闭，身体不允许在光路中，避免产生意外。

六、实验结果整理与分析

（1）整理实验结果，填入表 5-1 中。

表 5-1　实验结果记录表

实验编号	功率 P/W	脉宽 T/ms	频率 F/Hz	能量 E/J	焊缝成形情况
1					
2					
3					
4					
5					
6					
7					

（2）分析脉冲能量对焊缝成形的影响规律。

（3）给出实验条件下最佳的激光焊接工艺参数。

七、思考题

（1）激光焊接设备由哪几部分组成？

（2）激光与金属之间怎样作用？

（3）影响激光焊缝成形的工艺参数有哪些？

（4）薄片状材料焊接的难点是什么？

实验 5-2　燃料电池用镍片的微电阻点焊技术

一、实验目的

（1）了解微电阻点焊的原理、特征和应用场合。

（2）掌握薄片状材料微电阻点焊焊前准备要求、焊接过程特点。

（3）掌握工艺参数对 0.2mm 厚度纯镍片微电阻点焊熔核成形的影响规律。

二、实验材料及设备

（1）微电阻点焊机 MEA-100A。

（2）焊接检测仪 MM-380A。

（3）位移传感器 GS-1630A。

（4）规格为 20mm×5mm×0.1mm 的纯镍片。

（5）INSTRON5540 型电子精密拉伸机。

三、实验原理

微电阻点焊是指厚度为 0.1~0.5mm 的焊件在电极压力下紧密贴合在一起，由于电流引起的电阻热，在焊接贴合面发生局部熔化形成连接的焊接方法，也称精密电阻点焊或小型电阻点焊。

与大尺度电阻焊类似，微电阻点焊通过工件内部产生的电阻热在待焊部位形成熔核实现连接。假设两个金属板需要焊接（图 5-6）。首先，两个电极挤压金属板使它们紧靠在一起。之后，电流通过金属板从一个电极流向另一个电极，由于电流引起的电阻热，金属板发生局部熔化实现结合。发生熔化并重新凝固的金属的体积取决于生成的热量，它直接影响焊接强度。金属板和电极产生的热量可表示为：

$$Q = I^2Rt$$

式中，Q 为生成热；I 为焊接电流；R 为工件电阻；t 为电流持续时间（焊接时间）。电阻 R 包括电极/工件界面的接触电阻，两个工件贴合面的接触电阻，以及工件和电极本身的电阻。

在焊接过程中，上述电阻动态变化，且它们的相对大小控制焊接过程。接合界面的接触电阻（它受表面状态影响，例如清洁度、粗糙度、硬度及镀层材料）和电极压力（或压强）对焊接过程（特别是早期阶段）有关键影响。电极通常由高热导、电导的铜合金制成，因此在所有部分电阻中，电极本身的电阻应该是最小的。最大的部分电阻应该是贴合面的接触电阻。若生成热恰好集中在贴合面区域，此区域瞬时熔化发生结合，并最终形成熔核。一个牢固的熔核其大小必须大于特定的最小值，并位于电极轴上，且没有任何缺陷、表面飞溅、电极粘连或焊接金属喷溅。通常在进行焊接之前，确定工艺参数容差范围。能得到合适的熔核特征的焊接电流和时间的取值范围，叫做焊接区间。

微电阻点焊并不是常规电阻焊减小焊接尺度的简单结果，两者之间有许多不同点。

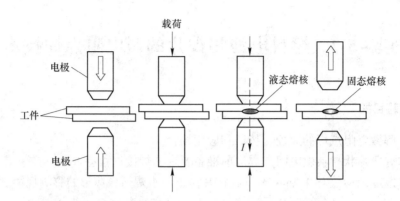

图 5-6   微电阻点焊接头熔化凝固过程示意图

首先，电阻微焊接的焊接对象往往是有色金属，而且微电阻焊接件相比大尺度电阻焊而言材料表面通常会有镀层如金、银和镍等。而常规点焊材料表面镀层主要以锌为主。随着镀层金属的置入，接头的物理性能改变，点焊下的接头形成机理也发生改变。

第二，微电阻点焊和大尺度电阻焊使用的电极压力不同。即，微电阻点焊的电极压力非常小。在常规电阻焊中，最大熔核直径同电极头直径几乎相等。因此，发生焊接金属喷溅时，电极头将压入工件，降低接头强度。而在电阻微焊接中，最大熔核直径（D_n）与电极头直径（D_e）之比大于 1/3 小于 1，所以电极头压入工件的情况很少发生。因此，焊接金属喷溅对微电阻点焊接头的强度影响较小。

第三，微电阻点焊发生电极粘连的风险远远高于常规电阻焊。由于微电阻点焊的电极尺寸非常小，不能内部水冷，因此电极头温度很高，导致电极头和工件表面的瞬时粘连。另外，太低的电极压力引起很高的接触电阻，这会降低微电阻点焊焊接电流阈值，但仍会促进电极粘连发生。

微电阻点焊具体与常规点焊的区别如表 5-2 所示。

表 5-2   微电阻点焊与常规点焊的区别

	小尺度点焊	大尺度点焊
材料厚度	<0.2~0.5mm	>0.5~1.0mm
焊接材料	铜、可伐合金、镍、银等	碳钢、不锈钢、铝合金等
镀层材料	金、银、镍等	锌、锡等
焊接压力	<20kg	>250kg
焊接电流	<5kA	>5~10kA
电极的冷却	不用冷却	水冷
应用	电子元件、电池、继电器	汽车、航空、航天

四、实验内容、方法及步骤

（1）学习微电阻点焊设备 MEA-100A 的操作说明书和实验规程，了解微电阻点焊的原理、设备结构、操作方法。

（2）初步确定焊接规范参数进行试焊，焊后观察焊点表面成形情况，并根据焊点宏观形貌情况判断是否焊透。

（3）根据第 2 步的试焊结果将焊接电流调大、调小，反复焊接 3~8 次，直到获得较好的焊缝成形。

（4）根据第 2 步的试焊结果将焊接时间调大、调小，反复焊接 3~8 次，直到获得较好的焊缝成形。

（5）根据第 2 步的试焊结果将焊接压力调大、调小，反复焊接 3~8 次，直到获得较好的焊缝成形。

（6）采用精密拉伸试验机测试实验获得的焊点的拉剪力。

五、实验注意事项

（1）焊接电源及焊接变压器采用强制空气冷却方式。为了保障空气流通，本装置背后 10cm 以上、侧面 5cm 以上不得有阻挡物，同时保证底部的通风。

（2）输入电源务必根据所配套使用的焊接变压器正确选择。

（3）成套设备切勿随意分解、组装，更换焊接机头需在实验室管理人员的指导下进行。

（4）切勿用湿布直接或沾酒精、酸性洗涤剂擦拭本设备。

（5）设备使用环境应阴凉干燥、无振动、无高频源，避免阳光暴晒。

（6）使用时如出现故障应立即报告指导老师或实验员，不得自行处理。

（7）使用完毕，关闭电源，待冷却后盖上防尘罩。

六、实验结果整理与分析

（1）整理实验结果，填入表 5-3 中。

表 5-3　实验结果记录表

实验编号	焊接电流 I /A	焊接时间 T /ms	电极压力 P /N	焊点成形情况	接头拉剪力 /N
1					
2					
3					
4					
5					
6					
7					
8					
9					
10					

（2）分析焊接电流、焊接时间和电极压力对焊缝成形的影响规律。

（3）分析焊接电流、焊接时间和电极压力对焊点拉剪力的影响规律。

（4）给出实验条件下最佳的微电阻点焊焊接工艺参数。

七、思考题

（1）微电阻点焊的焊接原理是什么，微电阻点焊和常规电阻点焊的区别是什么？

（2）薄片状材料焊接的特点（难点）是什么？

（3）焊接电流、焊接时间和电极压力对焊缝成形的影响有什么规律？

实验 5-3　薄铜片的超声波焊接技术

一、实验目的

（1）了解超声波焊接的原理、特征和应用场合。
（2）熟悉超声波焊接的设备结构及组成。
（3）掌握薄铜片超声波焊接过程特点、焊接工艺。
（4）掌握工艺参数对 0.2mm 厚度薄铜片焊接接头抗拉剪力的影响规律。

二、实验材料及设备

（1）超声波焊接机。
（2）规格为 30mm×10mm×0.2mm 的紫铜片。
（3）压缩气体。
（4）INSTRON5540 型电子精密拉伸机。

三、实验原理

（一）超声波焊接原理

超声波焊是利用超声波高频率（超过 16kHz）的机械振动能量，连接同种或异种金属、半导体、塑料及金属陶瓷的特殊焊接方法。焊接时，由超声波发生器产生超高频率振动电信号，再通过换能器使之转变成为机械振动，机械振动经过变幅杆的放大传递至焊头，被焊工件的接触界面在静压力和高频振动的共同作用下，焊接界面会发生剧烈摩擦、温度升高和塑性变形，使金属表面氧化膜或其他物质被破坏和清除，并使焊接界面之间原子无限接近，在相互摩擦和温度的作用下金属原子相互扩散结合，最终实现可靠连接。

超声波焊接时既不向工件输送电流，也不向工件引入高温热源，只是在静压力下将弹性振动能量转变为工件间的摩擦功、形变能及随后有限的温升。接头间的冶金结合是在母材不发生熔化的情况下实现的，因而是一种固态焊接。超声波焊焊缝的形成主要由振动剪切力、静压力和焊区的温升三个因素所决定。纵观焊接过程，超声波焊经历了如下三个阶段。

（1）摩擦。超声波焊的第一个过程主要是摩擦过程，其相对摩擦速度与摩擦焊相近只是振幅仅仅为几十微米。这一过程的主要作用是排除工件表面的油污、氧化物等杂质，使纯净的金属表面暴露出来。

（2）应力及应变过程。从光弹应力模型中可以看到剪切应力的方向每秒将变化几千次，这种应力的存在也是造成摩擦过程的起因，只是在工件间发生局部连接后，这种振动的应力和应变将形成金属间实现冶金结合的条件。

在上述两个步骤中，由于弹性滞后，局部表面滑移及塑性变形的综合结果使焊区的局部温度升高。经过测定，焊区的温度约为金属熔点的 35%～50%。

（3）固相焊接。用光学显微镜和电子显微镜对焊缝截面所进行的检验表明，焊接之间发生了相变、再结晶、扩散以及金属间的键合等冶金现象，是一种固相焊接过程。

（二）超声波焊接特点及应用范围

由于固态焊接不受冶金焊接性的约束，没有气、液相污染，不需其他热输入（电流），几乎所有塑性材料均可以焊接外，还特别适合于：物理性能差异较大（如导热、硬度）、厚度相差较大的异种材料的焊接，对于高热导率、高电导率材料（如金、银、铜、铝等）是超声波焊最易于焊接的材料。由于超声波焊所需功率随工件厚度及硬度的提高呈指数剧增。因此，还多用于片、箔、丝等微型、精密、薄件的搭接接头的焊接。

（三）超声波点焊设备组成

超声波点焊机的典型结构组成见图 5-7，由超声波发生器（A）、声学系统（B）、加压机构（C）、程控装置（D）四部分组成。

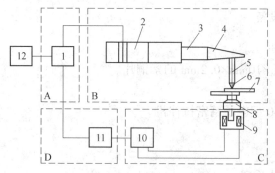

图 5-7　超声波点焊机的典型结构组成

1—超声波发生器；2—换能器；3—传振杆；4—聚能器；5—耦合杆；6—上声极；7—工件；
8—下声极；9—电磁加压装置；10—控制加压电源；11—程控器；12—电源

（1）超声波发生器。超声波发生器用来将工频（50Hz）电流变换成超声频率（15～60kHz）的振荡电流，并通过输出变压器与换能器相匹配。

目前有电子管放大式、晶体管放大式、晶闸管逆变式及晶体管逆变式等多种形式。其中电子管式效率低，仅为 30%～45%，已经被晶体管放大式等所替代。目前应用最广的是晶体管放大式发生器，在超声波发生器用于焊接时，频率的自动跟踪是一个必备的性能。由于焊接过程随时会发生负载的改变以及声学系统自振频率的变化，为确保焊接质量的稳定，利用取自负载的反馈信号，构成发生器的自激状态，以确保自动跟踪和最优的负载匹配。

（2）声学系统。超声波焊机的声学系统是整机的心脏，包括换能器、传振杆、聚能器、耦合杆和上、下声极组成。

换能器用来将超声波发生器的电磁振荡转成相同频率的机械振动。常用的换能器有压电式及磁致伸缩式两种。压电换能器的最主要优点是效率高和使用方便，一般效率可达 80%～90%，它是基于逆压电效应。石英、锆酸铅、锆钛酸铅等压电晶体，在一定的结晶面受到压力或拉力时将会出现电荷，称之为压电效应，反之，当在压电轴方向馈入交变电场时，晶体就会沿着一定方向发生同步的伸缩现象，即逆压电效应。压电换能器的缺点是比较脆弱，使用寿命较短。磁致伸缩换能器是依靠磁致伸缩效应而工作。当将镍或铁铝合金等材料置于磁场中时，作为单元铁磁体的磁畴将发生有序化运动。并引起材料在长度上的伸缩现象，即磁致伸缩现象。磁致伸缩换能器是一种半永久性器件，工作稳定可靠，但由于效率仅为 20%～40%，除了特大功率的换能器以及连续工作的大功率缝焊机，因冷却有困难而被采用外，已经被压电式换能器所取代。

传振杆主要是用于高速输出负载、固定系统以及方便实际使用，是与压电式换能器配套的声学元件。传振杆通常选择放大倍数 0.8、1、1.25 等几种半波长阶梯型杆，由于传振杆主要用来传递振动能量，一般可以选择由 45 号钢或 30CrMnSi 低合金钢或超硬铝合金制成。

聚能器又称变幅杆，在声学系统中起着放大换能器输出的振幅并耦合传输到工件的作用。各种锥形杆都可以用作为聚能器，设计各种聚能器的共同目标是使聚能器的自振频率能与换能器的推动频率谐振，并在结构上考虑合适的放大倍数、低的传输损耗以及自身具备的足够机械强度。指数锥聚能器由于可使用较高的放大系数，工作稳定，结构强度高，因而常常优先选择。此外，聚能器作为声学系统的一个组件，最终要被固定在某一装置上，以便实现加压及运转等，从实用上考虑，在磁致伸缩型的声学系统中往往将固定整个声学系统的位置设计在聚能器的波节点上。某些压电式声学系统也有类似的设计。聚能器工作在疲劳条件下，设计时应重点考虑结构的强度，特别是声学系统各个组元的连接部位，更是需要特别注意。材料的抗疲劳强度及减少振动时的内耗是选择聚能器材料的主要依据，目前常用的材料有 45 号钢、30CrMnSi、超硬铝合金、蒙乃尔合金以及钛合金等。

耦合杆用来改变振动形式，一般是将聚能器输出的纵向振动改变为弯曲振动，当声学系统含有耦合杆时，振动能量的传输及耦合功能就都由耦合杆来承担。除了应根据谐振条件来设计耦合杆的自振频率外，还可以通过波长数的选择来调整振动振幅的分布，以获得最优的工艺效果。耦合杆在结构上非常简单，通常都是一个圆柱杆，但其工作状态较为复杂，设计时需要考虑弯曲振动时的自身转动惯量及其剪切变形的影响，而且约束条件也很复杂，因而实际设计时要比聚能器复杂。一般选择聚能器相当的材料制作耦合杆，两者用钎焊的方法连接起来。

声极（焊头、焊座）：超声波焊机中直接与工件接触声学部件称为上、下声极。对于点焊机来说，可以用各种方法与聚能器或耦合杆相连接，而缝焊机的上下声极可以就是一对滚盘，至于塑料用焊机的上声极，其形状更是随零件形状而改变。但是，无论是哪一种声极，在设计中的基本问题仍然是自振频率的设计，显然，上声极有可能成为最复杂的一个声学元件。

（3）加压机构。向工件施加静压力的加压机构是形成焊接接头的必要条件，目前主要有液压、气压、电磁加压及自重加压等几种。其中液压方式冲击力小、主要用于大功率焊机，小功率焊机多采用电磁加压或自重加压方式，这种方式可以匹配较快的控制程序。实际使用中加压机构还可能包括工件的夹持机构。超声波焊接时防止焊件滑动、更有效地传输振动能量往往是十分重要的，在焊薄件时，应该减少振幅，因为如果焊头的滑动大于工件间的滑动，那么大量能量会浪费掉。

四、实验内容、方法及步骤

（1）学习超声波焊接机的操作说明书和实验规程，了解超声波焊接的原理、设备结构、操作方法。

（2）初步确定焊接规范参数进行试焊，焊后观察焊缝表面成形情况。

（3）根据试焊结果分别调整超声振幅、焊接时间、焊接压力、保压时间等规范参数，反复焊接几次，直到获得较好的焊缝成形。

（4）在固定其他参数的条件下，以第 3 步的超声振幅为标准，将超声振幅调大与调小，以 6~10 个不同的超声振幅进行焊接。观察并记录焊接过程和焊点形貌。

（5）在固定其他参数的条件下，以第 3 步的焊接时间为标准，将焊接时间调大与调小，以 6~10 个不同的焊接时间进行焊接。观察并记录焊接过程和焊点形貌。

（6）在固定其他参数的条件下，以第 3 步的焊接压力为标准，将超焊接压力调大与调小，以 6~10 个不同的焊接压力进行焊接。观察并记录焊接过程和焊点形貌。

（7）在固定其他参数的条件下，以第 3 步的保压时间为标准，将保压时间调大与调小，以 6~10 个不同的保压时间进行焊接。观察并记录焊接过程和焊点形貌。

（8）采用精密拉伸试验机测试并记录上述焊接接头的拉剪力。

五、实验注意事项

（1）超声波焊接机器上方切勿放置流体物，平时注意整洁，随时擦拭，但不可用液体清洁。

（2）人体切勿重压于发振模头，以免灼伤，自动操作过程中碰到危险请按红色停止上升按钮。

（3）超声波检查在无负荷时，振幅不可超过 1A，否则请调整超声波旋钮。

（4）接地线需接地，不可接电源的"地线"上，以防高压漏电。

（5）焊接前请用外壳做测试，保证超声波焊接机调节合适，注意焊接和调试过程不得将手伸入焊接机头下，防止受伤。保持操作平台整洁及时更换上模保护膜。

六、实验结果整理与分析

（1）整理实验结果，填入表 5-4 中。

表 5-4　实验结果记录表

试验编号	超声振幅 f /%	焊接时间 t_1 /s	焊接压力 P /MPa	保压时间 t_2 /s	焊点成形情况	接头拉剪力 /N
1						
2						
3						
4						
5						
6						
7						
8						
9						
10						

（2）分析焊接工艺参数对焊点成形的影响规律。

（3）分析焊接工艺参数对焊点拉剪力的影响规律。

（4）结合焊点拉剪力和成形情况，给出实验条件下最佳的超声波焊接工艺参数。

七、思考题

（1）超声波点焊的原理是什么，和其他固相焊接技术相比有什么区别？

（2）异种材料超声波焊接的难点是什么？

实验 5-4　钛合金电子束焊接技术

一、实验目的

（1）了解真空电子束焊接的原理、特征，真空电子束焊接技术的特点和应用。

（2）掌握 TC4 钛合金真空电子束焊接的焊前要求、焊接过程特点。

（3）掌握工艺参数对 TC4 钛合金真空电子束焊接焊缝成形的影响规律。

二、实验材料及设备

（1）真空电子束焊机（KS15-PN150KM）。

（2）TC4 钛合金（200mm×50mm×2mm）。

（3）专用夹具。

（4）安装工具。

（5）丙酮。

（6）酒精。

（7）砂纸。

三、实验原理

（一）电子束焊接的基本原理

电子束焊接的基本原理是电子枪中的阴极由于直接或间接加热而发射电子，该电子在高压静电场的加速下再通过电磁场的聚焦就可以形成能量密度极高的电子束，用此电子束去轰击工件，巨大的动能转化为热能，使焊接处工件熔化，形成熔池，从而实现对工件的焊接，其原理如图 5-8 所示。

电子束是在高真空环境中由电子枪产生的。当电子枪中的阴极被加热后，由于热发射效应，表面就发射电子且在电场作用下连续不断地加速飞向工件。但这样的电子束密度低，能量集中，只有通过电子光学系统把电子束会聚起来，提高其能流密度后，才能达到熔化焊接金属的目的。这种经过聚焦的功率密度很高的电子束撞击到工件表面，电子的动能就转变为热能，使金属迅速熔化和蒸发。在高压金属蒸气的作用下熔化的金属被排开，电子束就能继续撞击深处的固态金属，同时很快在被焊工件上钻出一个锁形小孔（图

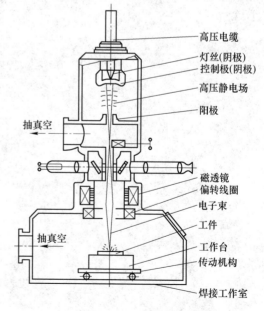

图 5-8　真空电子束焊接过程原理图

5-9），小孔的周围被液态金属包围。随着电子束与工件的相对移动，液态金属沿着小孔周围流向熔池后部，逐渐冷却、凝固形成焊缝。

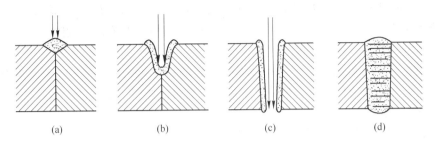

图 5-9　电子束焊接焊缝成形原理

（a）接头出现局部熔化、蒸发；（b）金属蒸发排开液体金属，电子束深入"母材"；

（c）电子束穿透工件，小孔由液态金属包围；（d）电子束后形成焊缝

（二）真空电子束设备的组成

真空电子束设备主要由电子枪、电源、真空系统、数控系统等组成。

（1）电子枪。电子枪由静电和电磁两部分组成。静电部分有阴极、聚束极和阳极组成，成为静电透镜；电磁部分有聚焦线圈和偏转线圈组成，一般成为磁透镜，如图 5-10 所示。电子枪的工作电压通常为 30 ~ 150kV，电流为 20 ~ 1000mA，聚焦束斑直径约为0.1~1mm，使得电子束功率密度可达 $10^7 \mathrm{W/cm^2}$。

（2）电源。电子束焊机的电源主要包括高压电源、灯丝电源及偏压电源。高压电源主要是给阴极（灯丝）提供 -150kV 的工作电压，灯丝电源主要用于加热灯丝。此电源为直流电源，电压为 0 ~ 9V 可调，电流为 0 ~ 24A 可调。偏压电源是以 -150kV 为基准，提供一个 -1500V 的电压作为栅极电压。

（3）真空系统。由电子枪真空系统和焊接室真空系统两部分组成。电子枪真空系统由机械泵和涡轮分子泵构成，其真空度可达 $1 \times 10^{-4} \mathrm{Pa}$；焊接真空泵组系统通常由机械泵、罗茨泵和分子泵构成，其真空度通常可达 $1 \times 10^{-3} \mathrm{Pa}$。

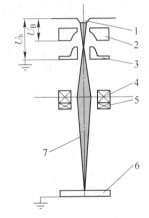

图 5-10　电子枪组成示意图

1—阴极；2—偏转电压；3—阳极；

4—聚焦线圈；5—偏转线圈；

6—工件；7—电子束；

U_b—加速电压；U_B—偏压

（4）控制系统。整台设备都由一套总控制系统控制，焊接的主要控制参数可在 PC 中预先设定，并可在运行中对任一焊接参数进行手动干预和调节，对设备的所有功能都进行监控。

（三）真空电子束焊接的优点

真空电子束焊接的主要优点是：

（1）加热功率密度大，电子束功率为束流及其加速电压的乘积，电子束功率可从几十千瓦到一百千瓦以上；电子束束斑（或称焦点）的功率可达 $10^6 ~ 10^8 \mathrm{W/cm^2}$，比电弧功率密度约高 100~1000 倍。

（2）加热集中、热效率高、形成相同焊缝接头需要的热输入量小，适宜于难熔金属

及热敏感性强的金属材料的焊接。

（3）焊后变形小，适合对精加工后的零件进行焊接。

（4）焊缝熔深熔宽比（即深宽比）大。普通电弧焊的熔深熔宽比很难超过 2，而电子束焊接的比值可高达 20 以上，目前电子束单面焊接的最大钢板厚度超过了 100mm，而对铝合金的电子束焊，最大厚度已超过 300mm。

（5）熔池周围气氛纯度高，不存在焊缝金属的氧化污染问题，特别适宜焊接化学活泼性强、纯度高和在熔化温度下极易发生氧化的金属，如铝、钛、锆、钼、高强度钢、高合金钢以及不锈钢等。

（6）适用焊接高熔点金属，可进行钨-钨焊接。

四、实验内容、方法及步骤

（一）焊前准备

（1）使用砂纸打磨待焊试样表面，并丙酮和酒精清洗夹具和焊件表面的油污和夹杂物。

（2）将预处理好的工件精确装配在专用夹具上，材料尺寸为 200mm×50mm×2mm，保证端面接触部位不存在间隙、错位或装配过松现象。

（3）将夹具安装在工作台，送入真空室，将电子枪调整至待焊位置，使电子枪与待焊件保持一定的距离。

（4）确定真空室密封，开始抽真空，真空度分别为电子枪 $1.0×10^{-3}$ Pa、真空室 $(1.0~2.0)×10^{-2}$ Pa。

（5）调整焊枪使之对准钨块，调节焦点。

（6）通过 X、Y、Z 方向位移进行焊接起始点位置的调试，确定焊缝的位置。

（二）焊接工件

（1）电子束焊缝的宏观成形是由电子束的工艺参数决定的，如加速电压、电子束流、焊接速度、聚焦电流和工作距离等，工艺参数主要变量为电子束流 I_b、焊接速度 v 和线能量 q，线能量的计算公式为：

$$q = 60 \cdot U_a \cdot I_b / v$$

其中 q——线能量，J/mm；

U_a——加速电压，kV；

I_b——电子束流，mA；

v——焊接速度，mm/min。

（2）根据所焊接材料的类型，选择合适的焊接工艺规范，电子束焊接工艺参数为：电子束流 60~120mA，焊接速度 600~2000mm/min，保持加速电压 $U_a = 60$kV 不变，采用下表面焦点的聚焦电流 $I_f = 484$mA，工作距离 h 为 300mm，根据拟定的方案进行试焊，并在焊接过程中观察电子束的稳定性和焊缝成形质量，修正拟定的焊接规范参数。

（3）编写焊接命令流，并调试。

（4）焊接。

（5）等待试样冷却后，释放真空，打开真空室，取出试样。

（6）在其他参数的一定，调节电子束流，重新焊接，观察并记录电子束流对焊缝成形及稳定性的影响。

（7）在其他参数的一定，调节焊接速度，重新焊接，观察并记录电子束流对焊缝成形及稳定性的影响。

五、实验注意事项

（1）一般注意事项。

1）必须保证装配位置准确，工件之间的间隙小。

2）保证工件及夹具清洗干净，真空室清洁，无夹杂物。

3）真空度达到要求，才能进行操作。

（2）实验中可能出现的事故。

1）束流过小，会使发射电子束的阴极受损。

2）"高压电源错误"报警，无法加高压。

3）扩散泵温度传感器故障。

六、实验结果整理与分析

（1）整理实验结果，填入表 5-5 中。

表 5-5　实验结果记录表

序号	加速电压 U_a/kV	束流强度 I_b/mA	工作距离 H/mm	焊接速度 v/mm·min^{-1}	焊缝成形情况
1					
2					
3					
4					
5					
6					
7					
8					

（2）分析电子束流强度、焊接速度对焊缝成形的影响规律。

（3）给出实验条件下最佳的电子束焊接工艺参数。

七、思考题

（1）真空电子束与其他焊接方法有什么不同，具有什么优势？

（2）真空电子束焊前清洗工件的目的是什么？

（3）真空电子束焊接为什么会出现气孔？

实验 5-5　高效双丝 MIG 焊接工艺实验

一、实验目的

（1）熟悉双丝 MIG 焊焊接设备的基本组成，初步掌握操作方法。

（2）掌握焊接电流、焊接速度、焊接电压等参数对焊缝成形的影响。

（3）了解双丝 MIG 焊高熔敷率、高焊接质量的特点。

二、实验材料及设备

（1）双丝 MIG 焊系统 TimeTwin5000。

（2）供气装置（氩气瓶、减压阀、流量计）。

（3）$\phi 1.2mm$ 焊丝 H08Mn2SiA。

（4）低碳钢板试片。

（5）游标卡尺。

三、实验原理

（一）熔化极气体保护焊原理及特点

熔化极气体保护焊是采用连续等速送进可熔化的焊丝与被焊工件间产生的电弧作为热源来熔化焊丝及母材金属，形成熔池和焊缝的焊接方法。焊接过程中，电弧熔化焊丝和母材形成的熔池及焊接区域在惰性气体或活性气体的保护下，可以有效地阻止周围环境空气的有害作用，如图 5-11 所示。

熔化极气体保护焊与渣保护焊方法（如焊条电弧焊和埋弧焊）相比，在工艺上、生产率与经济效果等方面有着下列优点：

（1）熔化极气体保护焊是一种明弧焊。焊接过程中电弧及熔池的加热熔化情况清晰可见，便于发现问题与及时调整，故焊接过程与焊缝质量易于控制。

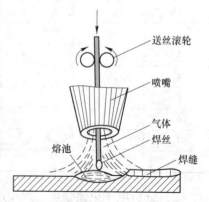

图 5-11　熔化极气体保护焊原理

（2）熔化极气体保护焊在通常情况下不需要采用管状焊丝，所以焊接过程没有熔渣，焊后不需要清渣，省掉了清渣的辅助工时，降低了焊接成本。

（3）适用范围广，生产效率高，易进行全位置焊及实现机械化和自动化。

可焊接的金属厚度范围很广，最薄约 1mm，最厚几乎没有限制。适用于焊接大多数金属和合金，最适于焊接碳钢和低合金钢、不锈钢、耐热合金、铝及铝合金、铜及铜合金及镁合金。对于高强度钢、超强铝合金、锌含量高的铜合金、铸铁、奥氏体锰钢、钛和钛合金及高熔点金属，熔化极气体保护焊要求将母材预热和焊后热处理，采用特制的焊丝，控制保护气体要比正常情况更加严格。对低熔点的金属如铅、锡和锌等，不宜采用熔化极气体保护焊。

手工移动焊枪、焊丝由送丝机送进的称为半自动熔化极气体保护焊，焊枪移动是机械化的称为自动熔化极气体保护焊。熔化极气体保护焊根据保护气体的种类不同可分为：熔化极惰性气体保护焊（英文简称 MIG）、熔化极氧化性混合气体保护焊（英文简称 MAG）和二氧化碳气体保护电弧焊三种。

（1）熔化极惰性气体保护焊（MIG）。保护气体采用氩气、氦气或氩气与氦气的混合气体，它们不与液态金属发生冶金反应，只起保护焊接区使之与空气隔离的作用。因此电弧燃烧稳定，熔滴过度平稳、安定，无激烈飞溅。这种方法可以焊接几乎所有的金属，如碳素钢、低合金钢、耐热钢、低温钢、不锈钢等材料，特别适用于铝、铜、钛等有色金属的焊接。

（2）熔化极氧化性混合气体保护焊（MAG）。保护气体由惰性气体和少量氧化性气体混合而成。由于保护气体具有氧化性，常用于黑色金属的焊接。在惰性气体中混入少量氧化性气体的目的是在基本不改变惰性气体电弧特性的条件下，进一步提高电弧的稳定性，改善焊缝成形，降低电弧辐射强度。

（3）二氧化碳气体保护焊（CO_2）。保护气体是 CO_2，有时采用 CO_2+O_2 的混合气体。由于保护气体的价格低廉，采用短路过渡时焊缝成形良好，加上使用含脱氧剂的焊丝可获得无内部焊接缺陷的高质量焊接接头，因此这种方法已成为黑色金属材料的最重要的焊接方法之一。

（二）脉冲焊特点

熔化极气体保护焊通常采用直流焊接电源，目前生产中使用较多的是弧焊整流器式直流电源。近年来，逆变式弧焊电源发展也较快。焊接电源的额定功率取决于各种用途所要求的电流范围。根据焊接电流的波动情况可分为脉冲焊和非脉冲焊。脉冲焊是利用脉冲电流取代通常的脉动直流焊（非脉冲焊）方法。脉冲焊时，周期性变化的焊接电流，使液态熔池金属发生强烈的搅拌，改善了熔池凝固条件，使焊缝金属组织得到细化。脉冲焊接的主要特点就是其峰值电流和持续时间是可控的，这一特点使焊接工艺具有宽的电流调节范围，使焊缝成形良好且有良好的机械性能，适用于全位置焊。特别适于对焊接热输入敏感性强的锻铝、硬铝等高强度铝合金的焊接。脉冲焊时，焊接电流周期性的变化。脉冲期间，峰值电流大于产生喷射过渡的临界电流值，此时对焊丝和工件进行强烈的加热，使之熔化，促使熔滴过渡与熔池形成。在脉冲间歇期间，由于基值电流较小，其主要作用是维持电弧的导电状态，并对焊丝有一定的预热作用，但不产生熔滴过渡。因此，脉冲焊能在焊接平均电流低于临界电流的情况下，实现小滴射流过渡，并且通过控制脉冲峰值电流大小和峰值电流时间，能有效控制熔滴能量，防止熔滴过热，减小焊接变形量，获得窄的热影响区和深穿透型的焊缝。脉冲焊工艺参数很多，包括有：脉冲峰值电流 I_p、脉冲峰值时间 T_p、基值电流 I_b、基值时间 T_b 等，如图 5-12 所示。脉冲参数的选择和匹配，将直接影响电弧稳定性、电弧能量与热输入大小、熔滴过渡特性和焊缝成形。工艺上，为保证脉冲阶段实现熔滴的喷射过渡，I_p 必须大于临界电流，T_p 也必须大于某个常数。I_b 也应固定在某个值。因为 I_b 太小易使电弧不稳定，甚至熄灭，太大易在维弧阶段发生大滴过渡，干扰正常的熔滴过渡，而失去脉冲焊优势。它们的关系如下：

$$I_{av} = \frac{I_p T_p + I_b T_b}{T_p + T_b}$$

式中　I_p——峰值电流，A；

　　　　I_b——基值电流，A；

　　　　T_p——峰值时间，s；

　　　　T_b——基值时间，s。

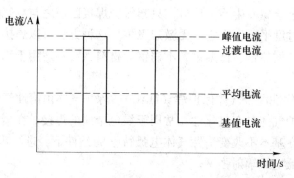

图 5-12　脉冲电流波形示意图

在通常的脉冲焊中，控制熔滴过渡的脉冲频率范围在 50~100Hz 之间，大致与送丝速度成比例。单位脉冲的强度可通过调节脉冲峰值电流和峰值电流持续时间来设定。单位脉冲强度过弱时是多个脉冲一个熔滴过渡，反之则相反。为了保证电弧稳定，必须调整单位脉冲强度以保证一个脉冲一个熔滴过渡，而且一个脉冲一个熔滴过渡的脉冲强度范围较宽。

因此脉冲焊与非脉冲焊相比具有以下优点：

（1）焊接参数调节范围更宽。

（2）可方便、精确控制电弧能量。

（3）薄板及全位置、打底焊能力优越。

（4）焊缝晶粒更细小，焊缝强度高。

（三）双丝焊原理

单丝焊时，焊接速度是很有限的，如果焊接速度较高，形成的熔池小，造成熔池与母材的温度梯度大，熔池凝固快，容易产生咬边等缺陷，焊缝成形不好。双丝焊时，前面的焊丝产生电弧，称之为熔化极焊丝；后面的焊丝为填充焊丝，它直接插入熔池。与传统的单丝相比，双丝焊利用熔池过热多余的热量来熔化填充焊丝以增加熔敷率，并用大电流提高焊接速度，其基本原理如图 5-13 所示。前丝的导电嘴与后丝的导电嘴平行且相邻的配置在一个喷嘴内。填充焊丝插入由熔化极焊丝的电弧所形成的熔池中，以熔池多余的热量来熔化填充焊丝。在大焊接电流和焊接速度的条件下，由于填充焊丝吸收了熔池的热量，使母材热影响区变窄，减少了变形，改善了焊缝成形。在焊接过程中，焊接电流一小部分流经填充焊丝到地线端而形成回路，使得通过熔化极焊丝和填充焊丝的电流方向相反，熔滴在反方向电流产生的排斥力作用下向前倾斜，电弧被推向前方。填充焊丝即使与熔化极焊丝相邻，也不会产生飞溅，且能使填充焊丝顺利送入到熔池中。

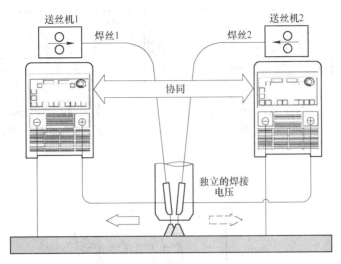

图 5-13　双丝焊原理示意图

（四）双丝焊工艺

TimeTwin5000 双丝焊系统采用两台焊接电源，两台送丝机，一把双丝焊枪，两根焊丝从两个向内有一定夹角的导电嘴中送出，两个电弧共用一个熔池；在两个电源之间有一个协调模块，使两个焊丝共用一个熔池而不产生干扰。两根焊丝可用或不用脉冲电流，如表 5-6 所示。当两个电源都是脉冲方式时，脉冲电流波形可相差 180°，即在某一时刻只有一个电弧燃烧，另一个处于维弧（只有基值电流）状态，这样可最佳的控制电弧，在保证每个电弧稳定燃烧的前提下，互相不影响。

表 5-6　脉冲方式

熔化极焊丝 （主焊接电源）	填充焊丝 （辅焊接电源）
脉冲	脉冲
脉冲	非脉冲
非脉冲	脉冲
非脉冲	非脉冲

图 5-14 为不同脉冲方式时焊接电流时间曲线及金属过渡图，图中 I_L 为主焊接电源的焊接电流，I_T 为辅焊接电源的焊接电流。主焊接电源和辅焊接电源不推荐均使用非脉冲方式，原因是采用这种方式易产生不规则的熔滴分离、飞溅大及实验结果不可重复。

（五）双丝焊特点

（1）焊接速度快、变形量小、成形美观、熔透熔合好、熔敷量大。

（2）两个焊丝共用一个熔池，前后丝一前一后排列，前后热量借用，提高熔敷率，前后丝交替进入熔池，对熔池有搅拌作用，改善焊缝成形。

（3）无板材厚度限定，无焊接材料限定，可以焊接各种金属材料，如铝合金、不锈钢、铜、钢、镀锌板等。

（4）前后丝的焊丝直径、材质、送丝速度、脉冲相位可不一样，可根据不同工艺选

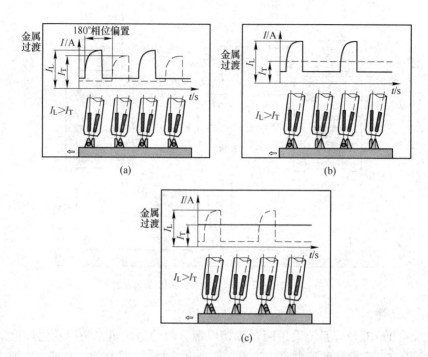

图 5-14　焊接电流时间曲线/金属过渡图解
（a）脉冲/脉冲；（b）脉冲/非脉冲；（c）非脉冲/脉冲

择不同的工作模式。

（5）可存储 20000 条焊接程序，可调用已存 JOB，所有的参数输出可调。

（6）关闭双丝焊模式，也可实现单丝焊。

四、实验内容、方法及步骤

（1）熟悉焊接设备组成部分并连接，完成供气、供水、供电的三通工作。

（2）预调焊接电流、电压、焊接速度。

（3）开始焊接，观察焊接电流匹配模式与飞溅的关系。

（4）开始焊接，观察焊接电流匹配模式与飞溅的关系。

（5）调节焊接工艺参数，研究焊接电弧现象及工艺参数对焊缝成形的影响。

（6）焊接结束，关闭设备电源、保护气减压阀，清理现场。

五、实验注意事项

（1）焊机工作期间，切勿用眼睛正视弧光，以免造成伤害。

（2）注意保持环境和设备的清洁，经常检查导电嘴和喷嘴上飞溅情况，及时清理。

（3）如机器运行过程中，出现异常现象，则需断电检查。

（4）开气时，操作人员必须站在瓶嘴的侧面。

（5）移动工件时要防止烫伤。

六、实验结果整理与分析

（1）整理实验结果，填入表 5-7 中。

表 5-7　实验结果记录表

序号	主焊接电源			辅焊接电源			飞溅	焊缝成形	电弧稳定性
	脉冲方式	焊接电流	电弧电压	脉冲方式	焊接电流	电弧电压			
1									
2									
3									
4									
5									
6									
7									

（2）分析脉冲方式对焊接过程稳定性和焊缝质量的影响。

（3）分析焊接电流、电压对焊缝成形的影响。

（4）分析减少飞溅的措施。

七、思考题

（1）焊接电流、电压如何影响焊缝成形？

（2）影响焊接飞溅的因素有哪些？

（3）分析双丝 MIG 焊高熔敷率、高焊接质量的原因。

6 微电子工艺实验

实验 6-1　硅热氧化工艺

一、实验目的

（1）掌握热生长 SiO_2 的工艺方法（干氧、湿氧、水汽）。

（2）熟悉 SiO_2 层在半导体集成电路制造中的重要作用。

（3）了解影响氧化层质量有哪些因素。

（4）建立起厚度 d 和时间 t 的函数关系。

（5）了解形成 SiO_2 层的几种方法及它们之间的不同之处。

二、实验材料及设备

（1）扩散氧化炉。

（2）椭偏仪。

（3）高频 $C\text{-}V$ 测试仪。

（4）硅片。

（5）氧气。

（6）纯水。

三、实验原理

单晶硅片表面生长一层优质的氧化层对整个半导体集成电路制造过程具有极为重要的意义。硅氧化层不仅作为离子注入或热扩散的掩蔽层，保证器件表面不受周围气氛影响的钝化层，也是器件与器件之间电学隔离的绝缘层，更是 MOS 工艺以及多层金属化系统中保证电隔离的主要组成部分。因此，了解硅氧化的生长机理，控制并重复生长优质的硅氧化层方法对保证高质量的集成电路可靠性是至关重要的。

硅氧化层制备技术很多：热氧化法生长、热分解沉积、外延生长、真空蒸发、反应溅射、阳极氧化法等。其中，热氧化法在集成电路工艺中应用最多，其操作简便、氧化层致密，制作成本低。

热生长二氧化硅法是将硅片放在高温炉内，在以水汽、湿氧或干氧作为氧化剂的氧化气氛中，使氧与硅反应来形成一薄层二氧化硅。图 6-1 和图 6-2 分别给出了干氧和水汽氧化装置的示意图。

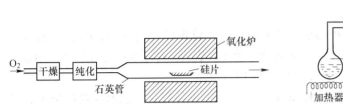

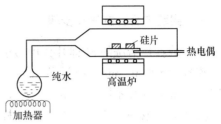

图 6-1　干氧氧化装置示意图　　　　　图 6-2　水汽氧化装置示意图

将经过严格清洗的硅片表面处于高温的氧化气氛（干氧、湿氧、水汽）中时，由于硅片表面对氧原子具有很高的亲和力，所以硅表面与氧迅速形成 SiO_2 层。硅的常压干氧和水汽氧化的化学反应式分别为：

$$Si + O_2 \longrightarrow SiO_2$$
$$Si + 2H_2O \longrightarrow SiO_2 + 2H_2 \uparrow$$

如果生长的二氧化硅厚度为 $\chi_0(\mu m)$，所消耗的硅厚度为 χ_i，则由定量分析可知：

$$\alpha = \frac{\chi_i}{\chi_0} = 0.46$$

即生长 $1\mu m$ 的 SiO_2 要消耗掉 $0.46\mu m$ 的 Si。由于不同热氧化法所得二氧化硅的密度不同，故 α 值亦不同。图 6-3 示出了硅片氧化前后表面位置的变化。

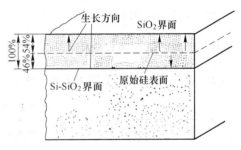

当硅片表面生长一薄层 SiO_2 以后，它阻挡了 O_2 或 H_2O 直接与硅表面接触，此时氧原子和水分子必须穿过 SiO_2 薄膜到达 Si-SiO_2 界面才能与硅继续反应生长 SiO_2。显然，随着氧化层厚度的增长，氧原子和水分子穿过氧化膜进一步氧化就越困难，所以氧化膜的增厚率将越来越小。Deal-Grove 的模型描述了硅氧化的动力学过程。他们的模型对氧化温度为 700~1300℃，压强为 20~100kPa（也许更高些），生长厚度为 30~2000nm 的干氧和湿氧氧化证明是合适的。

图 6-3　SiO_2 生长对应硅片表面位置的变化

通过多种实验已经证明，硅片在热氧化过程中是氧化剂穿透氧化层向 Si-SiO_2 界面运动并与硅进行反应，而不是硅向外运动到氧化膜的外表面进行反应，其氧化模型如图 6-4 所示。氧化剂要到达硅表面并发生反应，必须经历下列三个连续的步骤：

（1）从气体内部输运到气体-氧化物界面，其流密度用 F_1 表示。

（2）扩散穿透已生成的氧化层，到达 SiO_2-Si 界面，其流密度用 F_2 表示。

（3）在 Si 表面发生反应生成 SiO_2，其流密度用 F_3 表示。

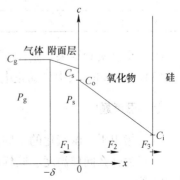

图 6-4　Deal-Grove 热氧化模型

四、实验内容、方法及步骤

（1）取 5 片清洗的 Si 样片，用镊子夹到石英舟上。将炉温控制在 1150℃，并通入干 O_2，流量为 500mL/min。将石英舟缓慢推入炉中恒温区，分别以 5min、10min、20min、40min、60min 五种不同时间生长厚度不同的 SiO_2 层。

（2）另外取一片清洁 Si 片，再同样温度下，通湿 O_2 进行氧化，水温控制在 95℃，时间为 20 分钟。

（3）用椭偏仪并结合干涉法分别测量上述各氧化层的厚度，并作图求出 1150℃ 下干氧氧化速率常数。

（4）比较同样时间，同样温度下干、湿氧化薄膜厚度的差别。

（5）用 B-T、C-V 法测量 1150℃、60min 干氧生长的氧化层中的可动正离子密度。

五、实验注意事项

（1）保持硅片干净，不受污染。

（2）应将装有硅片的石英舟放在加热炉中的恒温区，保证温度的均匀性。

（3）实验中防止高温烫伤。

（4）注意高压用电安全。

六、实验结果整理与分析

（1）整理实验结果，填入表 6-1 中。

表 6-1　实验结果记录表

序号	氧化温度/℃	氧化时间/min	水温/℃	氧化层厚度/mm
1				
2				
3				
4				
5				
6				
7				
8				

（2）整理实验结果，制作 d^2-t 图，从图中求出生长速率常数 C。

（3）分析 SiO_2 层中可动正电荷的来源。

七、思考题

（1）指出干、湿氧化的不同。

（2）为什么同样温度、同样时间下生长的氧化层，干氧化薄膜的厚度小于湿氧化膜层的厚度？

实验 6-2　光刻工艺实验

一、实验目的

（1）了解光刻工艺在集成电路制造过程中的重要性。

（2）掌握光刻工艺的基本原理。

（3）熟悉光刻工艺的步骤及操作。

二、实验材料及设备

（1）光刻胶（正胶）。

（2）显影液。

（3）5%氢氧化钠溶液。

（4）甲醇。

（5）蒸馏水。

（6）丙酮。

（7）匀胶台。

（8）烘胶台。

（9）光刻机。

（10）真空泵。

（11）气泵。

三、实验原理

光刻是一种复印图像与化学腐蚀相结合的综合性技术，它先采用照像复印的方法，将光刻掩模版上的图形精确地复制在涂有光致抗蚀剂的 SiO_2 层或金属蒸发层上，在适当波长光的照射下，光致光刻胶发生变化，从而提高了强度，不溶于某些有机溶剂中，未受光照射的部分光致抗蚀剂不发生变化，很容易被某些有机溶剂溶解。然后利用光致抗蚀剂的保护作用，对 SiO_2 层或金属蒸发层进行选择性化学腐蚀，从而在 SiO_2 层或金属层上得到与光刻掩模版相对应的图形，其原理如图 6-5 所示。

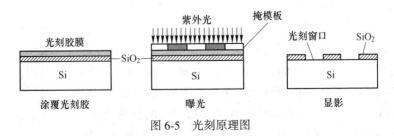

图 6-5　光刻原理图

刻蚀是用化学或物理方法有选择地从硅片表面去除不需要的材料的过程，刻蚀过程主要包括五个过程：刻蚀过程开始与等离子体刻蚀反应物的产生、反应物通过扩散的方式穿过滞留气体层到达表面、反应物被表面吸收、通过化学反应产生挥发性化合物，以及化合物离开表面回到等离子体气流中，接着被抽气泵抽出。

（1）二氧化硅腐蚀。二氧化硅的化学性质非常稳定，只能与氢氟酸发生化学反应，反应式如下：

$$SiO_2 + 6HF \longrightarrow H_2SiF_6 + 2H_2O$$

其中，反应生成的 H_2SiF_6 可溶于水。

腐蚀时，把硅片浸入腐蚀液中，腐蚀时间取决于腐蚀液温度、二氧化硅层厚度及二氧化硅膜的性质。一般取腐蚀液温度为 32℃ 时，二氧化硅的腐蚀速率约为 200nm/min。按不同的氧化层厚度选取不同的腐蚀时间。腐蚀时间必须严格控制，如果腐蚀时间太短，氧化层未腐蚀干净，影响扩散效果。若腐蚀时间过长，图形边缘会钻蚀，严重时会出现胶膜浮胶，造成硅片报废。因此，在实际操作中，腐蚀前必须先取一片样片做实验，确定正确、合理的腐蚀时间，及时发现腐蚀过程中可能出现的浮胶、钻蚀和毛刺现象。如果试片在腐蚀过程中氧化层还未腐蚀干净，就会出现浮胶等现象，那么整批片子就不能腐蚀。样品只能返工，重复图 6-5 中的工序。试片一切正常，那么整批片子才能按正确腐蚀时间腐蚀。腐蚀好的片子从腐蚀液内取出后，立即用去离子水漂洗干净，在显微镜下认真检查，如有不合格者作返工或报废处理。

（2）铝层腐蚀。金属铝层的腐蚀液是浓磷酸，温度为 30~90℃ 之间。腐蚀时把片子放入浓磷酸溶液中，铝和浓磷酸反应激烈表面会不断冒出气泡，片子会浮起来，这时可用镊子把片子浸入浓磷酸内并用毛笔轻轻抹去气泡。当看到铝层图形清楚地显示出来了说明腐蚀完毕。腐蚀时间必须严格掌握，腐蚀时间过短，腐蚀不干净，铝条会短路，腐蚀时间过长，造成引线过细，甚至会断开。

四、实验内容、方法及步骤

（1）硅片的清洁处理。待光刻的硅片表面必须保证清洁干燥，这样才能与光致抗蚀剂（即光刻胶）有很好的粘附，这是影响光刻质量的重要因素。一般认为，刚刚从高温炉内取出的氧化片或蒸发台内取出的蒸 Al 的片子，表面较清洁、干燥，不必再进行清洗，可直接涂光刻胶。对已经沾污了的或存放时间较长的氧化片，必须按常规清洗硅片的方法（用 I 号、II 号洗液）清洗，用去离子水冲洗、烘干，最后送入高温炉（700~900℃）通干氧 5min 处理后才能取出涂胶。对于金属表面，就不能用 I 号、II 号洗液清洗，可用有机溶剂丙酮、酒精水浴 15min，再用去离子水冲洗，然后在红外灯下烘干，待涂胶。

（2）涂胶。在待光刻的硅片表面涂上一层一定厚度且厚薄均匀、无灰尘杂物存在的光刻胶。实验所用的光刻胶是正性光刻胶。最常用的胶法是自转式旋转涂敷法，如图 6-6 所示。硅片放在圆盘转轴中心，采用真空吸附。在硅片表面滴上光刻胶，开动马达，旋转圆盘高速旋转，将胶甩开，在片子表面留下薄薄一层光刻胶。光刻胶的厚度与光刻胶本身的浓度和圆盘的转速有关。对一定浓度的光刻胶来说，调节转速可以改变光刻胶的厚度。转速越快，光刻胶膜越薄。薄的光刻胶膜有利于细线条光刻，但胶膜针孔较多，抗蚀能力差，因而光刻胶的厚度要适当（RZJ-304 正胶，2μm/3000r/min）。

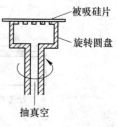

图 6-6 涂胶示意图

为了保证光刻质量，涂胶应在超净工作台或防尘操作箱内进行。超净台内的湿度须小于 40%。

（3）前烘。将涂有光刻胶的片子放入温度为 70~100℃的烘箱内烘 1~20min，这个步骤称之为前烘。

前烘的目的是促使光刻胶膜内溶剂充分地挥发，让胶膜干燥，增加胶膜强度，使之与样片粘附得更牢。前烘不能过分，也不能不足，不然会影响光刻胶膜的图形质量，如出现显影浮胶，图形畸变以及显影不足等现象。对于不同的光刻胶前烘的时间与温度略有不同，所以我们应该选取合理的前烘时间及前烘温度。

（4）对准与曝光。对准和曝光是光刻中的关键步骤，该工序在专用的光刻机上进行。根据所需光刻的图形我们选择相应的光刻掩模版，把它安装在光刻机的支架上使有图形的玻璃面向下，再把涂有光刻胶的硅片放在光刻机可微调的工作台上，胶面朝上，然后把光刻掩模版移到硅片上方，平行靠近而不接触。在显微镜下，仔细调节掩模版及硅片相应的位置，精确套准后，再慢慢将硅片与掩模版紧紧相贴，推到曝光灯下曝光。曝光完毕，取出片子待显影。

曝光时间的选择十分重要，在实际操作中曝光时间是由光刻胶种类、胶膜厚度、光源强度、光源与片子间距离来决定的。曝光时间过长，胶膜出现皱纹，图形边缘出现锯齿形使分辨率下降。曝光时间过短，胶膜未充分交联，显影时曝光部分也会部分被溶解，使图形变形，胶面发黑，抗蚀性大大降低。因此，曝光时间必须严格控制。根据本实验室工艺条件，光刻胶曝光在 40s 左右。

（5）显影。经曝光后的光刻胶必须经过显影以后，胶膜上才显示出图形来。对正性抗蚀剂而言，显影是将感光部分的胶层溶解掉，留下未感光部分的胶层。这样胶膜上显示出与掩模版遮光图案完全相同的保护胶层，不同光刻胶有不同的显影液和漂洗液（RZJ-304 正胶，显影液 RZX-3038），显影时间约 1~2min 后，漂洗 1~2min。

显影后的硅片必须进行认真检查，以保证光刻质量。一般要检查以下几个方面：显影是否彻底（即未感光处应该无残存的胶膜），感光部分留下来的光刻胶膜应该无针孔、划伤、浮胶现象，图形是否套准，图形尺寸是否正确，边缘是否整齐等。如有不合格的硅片必须进行返工（重复步骤 1~4）。

（6）坚膜。显影时，胶膜会发生软化、膨胀，所以显影后必须进行坚固胶膜的工作，称之为坚膜。坚膜可以使胶膜与硅片之间紧贴得更牢，同时也增加了胶膜的抗蚀能力。

坚膜是在 120~200℃烘箱内进行。坚膜时间与温度随不同光刻胶种类而不同。坚膜时间过短、温度不足，胶膜没有烘透，不够坚固，腐蚀时容易发生浮胶或严重侧蚀等现象。坚膜过度，会使胶膜因热膨胀产生翘曲和剥落，腐蚀时也会发生浮胶和钻蚀现象。对本实验用光刻胶而言，坚膜温度为 120℃，时间约 120s。

（7）腐蚀。腐蚀是用适当的腐蚀液将无光刻膜覆盖的氧化层（或金属层）腐蚀掉，把有光刻胶覆盖的区域保存下来，在二氧化硅或金属层上完整、清晰、准确地刻蚀出光刻胶膜上显影出来的图形。

（8）去胶。去除留在硅片表面上的光刻胶。二氧化硅层上去除光刻胶方法很多，最常用的是化学湿法去胶方法。即用硫酸和双氧水的混合液浸泡。配方如下：

$$H_2SO_4 : H_2O_2 = 1 : 3$$

使胶层碳化脱落后，用去离子水冲净。铝层上的胶膜可采用等离子去胶法去除。

五、实验注意事项

（1）注意保持待光刻的硅片表面清洁、干燥。

（2）注意选取合理的前烘时间和前烘温度，保证前烘不能过分，也不能不足。

（3）必须对显影后的硅片进行认真检查，如显影是否彻底，感光部分留下来的光刻胶膜应该无针孔、划伤、浮胶现象，图形是否套准，图形尺寸是否正确，边缘是否整齐等等。

（4）腐蚀时必须严格控制腐蚀时间，不能过短也不能过长。

六、实验结果整理与分析

（1）整理实验结果，填入表 6-2 中。

表 6-2　实验结果记录表

序号	前烘时间	前烘温度	曝光时间	腐蚀时间	成形情况
1					
2					
3					
4					
5					
6					
7					
8					

（2）分析前烘时间、前烘温度、腐蚀时间等对成形的影响规律。

（3）给出实验条件下最佳的光刻工艺参数。

七、思考题

（1）要刻蚀出线条挺直、尺寸精确的图形，操作过程中必须注意些什么？

（2）列举影响显影效果的因素。

（3）设计实验：通过光刻的方法（使用正性光刻胶）得到图样化的方块型 Al 电极，试述实验步骤。

（4）对于不经过光刻胶坚膜步骤或腐蚀时间过长的样品，图形会出现什么问题，为什么？

实验 6-3　扩散工艺实验

一、实验目的

（1）掌握扩散工艺方法。

（2）熟悉硼扩散工艺，掌握控制结深的方法，并通过实验观察结深。

（3）了解热扩散炉的结构及操作。

二、实验材料及设备

（1）热扩散炉。

（2）纯水系统。

（3）硅片。

（4）氨水。

（5）盐酸。

（6）硫酸。

（7）双氧水。

（8）去离子水。

（9）氮气。

（10）硼扩散源。

三、实验原理

扩散是物质的一个基本性质，原子、分子和离子都会从高浓度向低浓度处进行扩散运动。一种物质向另一种物质发生扩散运动需满足两个基本条件：第一有浓度差；第二提供足够的能量使物质进行扩散。在半导体制造中，利用高温热能使杂质扩散到半导体衬底中。扩散技术目的在于控制半导体中特定区域内杂质的类型、浓度、深度和 PN 结。

（一）扩散机制

（1）替位式扩散。这种杂质原子或离子大小与 Si 原子大小差别不大，它沿着硅晶体内晶格空位跳跃前进扩散，杂质原子扩散时占据晶格格点的正常位置，不改变原来硅材料的晶体结构，如图 6-7 所示。硼、磷、砷等是此种方式。

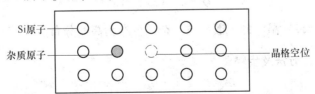

图 6-7　替位式扩散示意图

（2）填隙式扩散。这种杂质原子大小与 Si 原子大小差别较大，杂质原子进入硅晶体后，不占据晶格格点的正常位置，而是从一个硅原子间隙到另一个硅原子间隙逐次跳跃前进，如图 6-8 所示。镍、铁等重金属元素是此种方式。

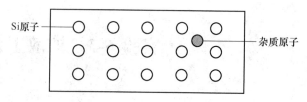

图 6-8 填隙式扩散示意图

（二）硼扩散

硼扩散工艺是将一定数量的硼杂质掺入到硅片晶体中，以改变硅片原来的电学性质。在高温条件下，利用二氧化硅对杂质的掩蔽作用，让有用的杂质通过光刻开出的窗口进入硅片中，形成 PN 结。例如在 N 型材料上进行硼扩散，形成 P 型区，或在 P 型材料上进行磷扩散，形成 N 型区。扩散的方法有很多，如固—固扩散、液态液扩散。扩散过程分两步进行，即预扩散和主扩散，两步扩散才能获得合适的表面浓度和结深。

预扩散在温度 900℃ 左右的氮气氛下进行，时间约 15min。预扩散过程中，外部始终保持恒定的杂质源浓度，即恒定表面源扩散，杂质服从余误差分布，预扩在硅片的表面形成一个浓度很高的 P 型层（对硼扩散），这层的厚度很小，约 100nm，杂质浓度由扩散温度下的杂质固溶度决定，可达 10^{21} 个原子/cm³。

但这样的 P 型扩散层不适于作器件，还必须把浓度降低，P 型层的厚度（结深）还需增大，为此还需进行一次主扩散，使硼杂质来一次再分布。主扩散在 1130℃ 下进行，时间 35min 左右，这样，P 型层厚度（即 PN 结的深度——结深 X_j）约 2.1μm。表面浓度约 $5×10^{18}$ 个原子/cm³。主扩散过程为去源扩散，没有新的杂质源补充，利用预扩散过程中得到的很薄的一层 P 型层作源，这种扩散方式称为限定表面源扩散，杂质服从高斯分布。

磷扩散的基本原理和过程同硼扩散。扩散要求对表面浓度和结深有良好的控制，表面浓度的大小是通过薄层电阻 p_s 和 X_j 的测量而得到的。

硼扩散是属于替位式扩散，采用预扩散和再扩散两个扩散完成。

（1）预扩散硼杂质浓度分布方程为：

$$N(x, t) = N_s \cdot \mathrm{erfc}\{x/2(D_1 t)^{1/2}\}$$

表示恒定表面浓度（杂质在预扩散温度的固溶度），D_1 为预扩散温度的扩散系数，x 表示由表面算起的垂直距离（cm），t 为扩散时间。此分布为余误差分布。

（2）再扩散（主扩散）。硼再扩散为有限表面源扩散，杂质浓度分布方程为：

$$N(x, t) = Q_e - x_2/4D_2 t(\pi D_2 t)^{1/2}$$

其中 Q 为扩散入硅片杂质总量：

$$Q = \int_0^\infty N(x, t)\mathrm{d}t$$

D_2 为主扩散（再分布）温度的扩散系数。杂质分布为高斯分布。

四、实验内容、方法及步骤

（1）实验准备。

1）开扩散炉，设定升温程序，升温速度不超过每分钟 5℃，以防止加热电阻丝保护涂层脱落。将待料温度设定为 750~850℃，氮气流量为 3L/min。

2）清洗源瓶，并倒好硼源。

3）打开涂源净化台，并调整好涂源转速。

（2）硅片清洗：清洗硅片，将清洗好的硅片甩干。

（3）将清洗干净、甩干的硅片涂上硼源，并静置 10min 风干。

（4）从石英管中取出石英舟，将硅片装在石英舟上，并将石英舟推到恒温区。

（5）按照设定好的升温程序进行升温，温度达到预扩散温度后开始计时。

（6）预扩散完成后，拉出石英舟，取出硅片，漂去硼硅玻璃，冲洗干净后，检测 R_j 值。

（7）将预扩散硅片清洗，冲洗干净甩干。

（8）取出再扩散石英舟，将甩干的硅片装入石英舟，并将石英舟推到恒温区。

（9）调节温控器，使温度达到再扩散温度，调整氧气流量 3L/min，并开始计时，根据工艺条件进行干氧。

（10）在开始干氧同时，将湿氧水壶加热到 95～98℃。干氧完成后，开湿氧流量计，立即进入湿氧化。同时关闭干氧流量计。根据工艺条件进行湿氧。

（11）湿氧完成，开干氧流量计，调整氧气流量 3L/min，并根据工艺条件确定干氧时间。

（12）干氧完成后，开氮气流量计，流量 3L/min，根据工艺条件，确定氮气时间。

（13）氮气完成后，主扩散结束，调整温控器降温，氮气流量不变，时间 30min。

（14）降温完成后，拉出石英舟，取出硅片，检测氧化层厚度、均匀性，漂去氧化层，冲洗干净后，检测 R_j 值，结深。

（15）将扩散后的硅片交光刻工艺，光刻完成后，检测击穿电压。

五、实验注意事项

（1）开扩散炉时，升温速率不能过快，防止加热电阻丝保护涂层脱落。

（2）注意保持硅片干净、无污染。

（3）实验过程中注意放置烫伤。

（4）注意高压用电安全。

六、实验结果整理与分析

（1）根据实验步骤，整理实验结果，填入表 6-3 中。

表 6-3　实验结果记录表

序号	扩散温度	扩散时间	氧气流量	预扩散时间	R_j 值
1					
2					
3					
4					
5					
6					

续表 6-3

序号	扩散温度	扩散时间	氧气流量	预扩散时间	R_j值
7					
8					

（2）分析影响硼扩散的主要影响因素。

（3）给出实验条件下最佳的硼扩散工艺参数。

七、思考题

（1）扩散的基本原理是什么？

（2）硼扩散的工艺过程是什么？

实验 6-4 真空蒸镀工艺实验

一、实验目的

(1) 系统了解真空镀膜仪器的结构。
(2) 了解真空系统各组件的功能。
(3) 了解石英晶体振荡器测厚原理。
(4) 掌握真空蒸镀的基本原理。
(5) 了解真空镀膜仪器的基本操作。

二、实验仪器设备和材料清单

(1) 真空（蒸发）镀膜机。
(2) 铝丝。
(3) 蒸发舟。
(4) 基片（硅片或载玻片或石英片）。
(5) 去离子水。
(6) 酒精。

三、实验原理

真空镀膜是在真空室中进行的（一般气压低于 1.3×10^{-2} Pa），当需要蒸发的材料（金属或电介质）加热到一定温度时，材料中分子或原子的热振动能量可增大到足以克服表面的束缚能，于是大量分子或原子从液态或直接从固态（如 SiO_2、ZnS）汽化。当蒸气粒子遇到温度较低的工件表面时，就会在被镀工件表面沉积一层薄膜，如图 6-9 所示。

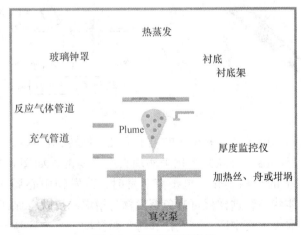

图 6-9 真空镀膜示意图

真空镀膜机主要由真空系统、蒸发室组成。

（1）镀膜室。主要包括四对螺旋状钨丝或舟状蒸发加热器；旋转基片支架；烘烤加热器；热电偶测温探头；离子轰击环；针阀；观察窗等。

（2）真空机械系统。主要由机械泵、扩散泵、高低真空阀、充气阀、挡油器及电磁阀等组成。

（3）真空测量系统。由热偶计和电离计组合的复合真空计而成，热偶计是用于测量低真空度，范围$10^2 \sim 10^{-1}$Pa，电离计是用于测量高真空度，范围$10^{-1} \sim 10^{-6}$Pa。

（4）电路控制系统。主要由机械泵、扩散泵、电磁阀控制电路和镀膜蒸发加热器控制电路、钟罩升降控制电路、基片支架旋转调速控制电路、烘烤加热温度控制电路、离子轰击电路。

真空蒸镀使用的加热方式主要有：电阻加热、电子束加热、射频感应加热、电弧加热和激光加热等几种。电阻加热是最为常用的一种。加热器由高熔点的金属做成线圈状（称为丝源）或舟状（称为舟源），如图6-10所示。加热源上可承载被蒸发材料。由于挂在丝源上的被蒸发物质（如铝丝）可形成向各个方面发射的蒸汽流，因此丝源可用为点源，而舟源则可近似围内发射的面源。对于不同的被蒸材料，可选取由不同材料做成，形状各异的加热器。其选取原则为：

1）加热器所用材料有良好的热稳定性，其化学性质不活泼，在达到蒸发温度时，加热器材料本身的蒸汽压要足够低。

2）加热器材料的熔点要高于被蒸发物的蒸发温度，加热器要有足够大的热容量。

3）要求线圈装加热器所用材料热能与蒸发物有良好的浸润，有较大的表面张力。

4）被蒸发物与加热器材料的互溶性必须很低，不产生合金。

5）对于不易制成丝状，或被蒸发物与丝状加热器的表面张力较小时，可采用舟状加热器。

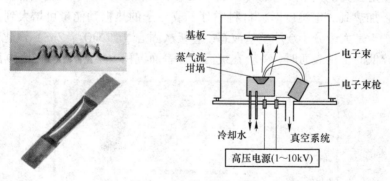

图6-10　电阻型源加热器

电子束蒸镀是利用高电压加速并聚焦的电子束经磁偏转，在真空中直接打到蒸发源表面，使蒸发物表面的局部温度升高并溶化来实现真空沉积的，如图6-11所示。电子束可使熔点高达3000℃以上的材料熔化。电子束蒸发时，蒸发物中心局部熔融并为汽化时，其边缘部分仍处于固体状态，这样就可避免蒸发物与坩埚的反映，保证蒸发物不受沾污。

蒸镀薄膜的质量取决于真空度、蒸发物和衬底粗糙度。真空度高可以使蒸汽分子以射线状从蒸发源向基体发射，可以使蒸发材料的利用率及沉积速率大大提高。蒸发腔内热物体（如加热灯丝）产生的杂质蒸发物会影响腔体的真空度，热蒸发的源材料原子可能会

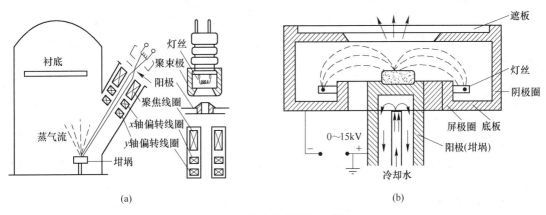

图 6-11　电子束蒸发源示意图

（a）直枪结构；（b）环形枪结构

与这些杂质气氛反应。如在热蒸镀铝（Al）的时候，腔体内存在氧气，便会反应形成氧化铝，便会阻碍沉积到衬底上的 Al 原子的量，使得沉积的 Al 薄膜的厚度很难精确控制。衬底的粗糙度也会影响沉积薄膜的质量。由于热蒸发的气态源材料主要是以一个方向粘附到基底上，如果衬底的粗糙度比较大，那么沉积的薄膜则会很不均匀，因为衬底上一些较突出的区域会阻碍蒸发物向某些区域运动，从而形成"梯状覆盖"。

由理论分析可知，当一个点源放在一个半径为 r 的球心位置时，则在整个球面上得到的沉积层厚度是均匀的。实际的蒸发源总有一定的线度，不能看成理想的点源，因此球面上的淀积量不可能很均匀，线度越大，均匀性越差。此外，基体也不可能恰好是半径为 r 的球面，它们常常是一些平面或有特定曲率半径的曲面，这也影响了镀层的均匀性。为了使镀层有良好的均匀性，目前常用的方法是使载工件的平面绕图 6-12 所示的 $O—O'$ 轴转动，把一小面源置于距中心为 R 的位置上，这样可使均匀性得到改善。更精良的设计是将工件盘做成既能自转（绕 O' 轴），又能公转（绕 O 轴）的行星盘结构，这种结构对膜层的均匀性是更为有利的。

图 6-12　行星盘结构

四、实验内容、方法及步骤

（1）在超声波清洗设备的容器中放入基片，再依次放入中性洗涤剂、蒸馏水、酒精进行超声波清洗。常用的清洗设备是低频型的（约 30kHz），功率 300W。振动 5min 就能除去玻璃表面的油脂和污脏，然后用流水冲洗基板，再放入沸腾的蒸馏水中，取出后迅速吹干。最后戴上手套把干燥后的基板用镊子装上样品架。

（2）开冷却水、电源，开充气阀，充气完毕，打开镀膜室门，将清洗过的铝丝从无水乙醇中夹出，N_2 气吹干后放入坩埚中，将清洁好的基片置于夹具上面，调整好挡板。

（3）关闭镀膜室门，开机械泵，开电磁阀，开预抽阀，抽镀膜室（开热偶真空计）至 10Pa。

（4）打开分子泵系统总电源，待分子泵当前频率为 200Hz 时关闭预抽阀（旁抽阀），打开插板阀。

（5）设置晶振仪参数。

（6）待镀膜室真空度为 4×10^{-3}Pa，关闭夹具挡板。打开电阻加热总电源加热。

（7）旋转手持柄上的幅度调节旋钮，慢慢增加电流。注意仔细观察铝丝熔化状况和真空度的变化。

（8）预熔完毕，将电流略微加大一点，打开夹具挡板。仔细观察铝的蒸发状况，蒸镀完毕，关好挡板和蒸发电源，记录真空度的变化。

（9）镀膜结束，关插板阀，关预抽阀，关分子泵电源。

（10）待分子泵完全停止后关电磁阀，关机械泵，关镀膜机总电源，关冷却水。

五、实验注意事项

（1）真空室内真空度必须达到 10^{-1}Pa 时，才可使用电离规测高真空；

（2）切记高阀开启时，低阀一定要处推进状态；

（3）真空室放气前必须关闭高阀（高阀与充气阀互锁），否则无法开启钟罩。

六、实验结果整理与分析

（1）根据实验步骤，记录并整理实验结果，填入表 6-4 中。

表 6-4　实验结果记录表

序号	真空度	加热电流	蒸镀时间	衬底表面粗糙度	膜　厚
1					
2					
3					
4					
5					
6					
7					
8					

（2）分析枪电流、蒸镀时间对镀膜的影响规律。

（3）给出实验条件下最佳的镀膜工艺。

七、思考题

（1）在开始抽真空的过程中，为什么要多次推拉三通阀？

（2）选择加热源材料的原则是什么？

（3）假设蒸发源与衬底材料的距离为 25cm，欲在衬底上沉积 100nm 厚的铝膜，问需要铝多少克？（必须画出示意图并得出相应膜厚公式后再带入数值进行计算）

实验 6-5　等离子喷涂实验

一、实验目的

（1）熟悉喷涂的工作原理。

（2）掌握等离子喷涂方法及喷涂工艺流程。

（3）熟悉和掌握电弧喷涂的方法及设备的使用。

二、实验材料及设备

（1）空气压缩机系统一套。

（2）冷却系统（水冷机）一套。

（3）抽风系统一套。

（4）Metco 9MB 大气等离子喷涂设备（主要包括六轴机器人、喷枪、控制柜、送粉器、配电柜）一套。

（5）喷砂机一套。

（6）喷涂试件若干。

三、实验原理

等离子弧喷涂是利用非转移等离子弧作为热源，把难熔的金属或非金属粉末材料送入弧中快速熔化，并以极高的速度将其喷散成极细的颗粒撞击到工件表面上，从而形成一很薄的具有特殊性能的涂层，如图 6-13 所示。等离子弧喷涂涂层与工件表面的结合基本属于机械结合。当粉末涂层材料被等离子弧焰熔化并从喷枪口喷出以后，在高速气流作用下喷散成雾状细粒，并撞击到工件表面，被撞扁的细粒就嵌塞在已经粗化处理的清洁表面上，然后凝固并与母材结合。随后的颗粒喷射到先喷的颗粒上面，填塞其间隙中而形成完整的喷涂层。

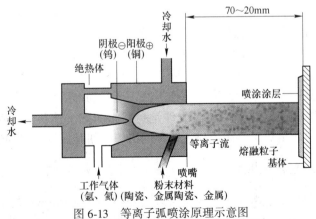

图 6-13　等离子弧喷涂原理示意图

等离子喷涂主要工艺参数包括等离子气体、电弧的功率、供粉、喷涂距离和喷涂角、喷枪与工件的相对运动速度、基体温度控制。

（1）等离子气体。气体的选择原则主要根据是可用性和经济性，氮气便宜，且离子焰热焓高，传热快，利于粉末的加热和熔化，但对于易发生氮化反应的粉末或基体则不可采用。氩气电离电位较低，等离子弧稳定且易于引燃，弧焰较短，适于小件或薄件的喷涂，此外氩气还有很好的保护作用，但氩气的热焓低，价格昂贵。

气体流量大小直接影响等离子焰流的热焓和流速，从而影响喷涂效率，涂层气孔率和结合力等。流量过高，则气体会从等离子射流中带走有用的热，并使喷涂粒子的速度升高，减少了喷涂粒子在等离子火焰中的"滞留"时间，导致粒子达不到变形所必要的半熔化或塑性状态，结果是涂层粘接强度、密度和硬度都较差，沉积速率也会显著降低；相反，则会使电弧电压值不适当，并大大降低喷射粒子的速度。极端情况下，会引起喷涂材料过热，造成喷涂材料过度熔化或汽化，引起熔融的粉末粒子在喷嘴或粉末喷口聚集，然后以较大球状沉积到涂层中，形成大的空穴。

（2）电弧的功率。电弧功率太高，电弧温度升高，更多的气体将转变成为等离子体，在大功率、低工作气体流量的情况下，几乎全部工作气体都转变为活性等粒子流，等粒子火焰温度也很高，这可能使一些喷涂材料气化并引起涂层成分改变，喷涂材料的蒸气在基体与涂层之间或涂层的叠层之间凝聚引起粘接不良。此外还可能使喷嘴和电极烧蚀。

而电弧功率太低，则得到部分离子气体和温度较低的等离子火焰，又会引起粒子加热不足，涂层的粘结强度，硬度和沉积效率较低。

（3）供粉。供粉速度必须与输入功率相适应，供粉速度过大会出现生粉（未熔化），导致喷涂效率降低；供粉速度过低，粉末氧化严重，并造成基体过热。

送料位置也会影响涂层结构和喷涂效率，一般来说，粉末必须送至焰心才能使粉末获得最好的加热和最高的速度。

（4）喷涂距离和喷涂角。喷枪到工件的距离影响喷涂粒子和基体撞击时的速度和温度，涂层的特征和喷涂材料对喷涂距离很敏感。

喷涂距离过大，粉粒的温度和速度均将下降，结合力、气孔、喷涂效率都会明显下降；喷涂距离过小，会使基体温升过高，基体和涂层氧化，影响涂层的结合。在机体温升允许的情况下，喷距适当小些为好。

喷涂角指的是焰流轴线与被喷涂工件表面之间的角度。该角度小于45°时，由于"阴影效应"的影响，涂层结构会恶化形成空穴，导致涂层疏松。

（5）喷枪与工件的相对运动速度。喷枪的移动速度应保证涂层平坦，不出线喷涂脊背的痕迹。也就是说，每个行程的宽度之间应充分搭叠。在满足上述要求前提下，喷涂操作时，一般采用较高的喷枪移动速度，这样可防止产生局部热点和表面氧化。

（6）基体温度控制。较理想的喷涂工件是在喷涂前把工件预热到喷涂过程要达到的温度，然后在喷涂过程中对工件采用喷气冷却的措施，使其保持原来的温度。

四、实验内容、方法及步骤

（1）选择实验材料。实验选用粒度为 200～325 目（44～74μm）的 Al_2O_3-TiO_2粉末。

（2）确定喷涂参数。根据粉末类型及粒度选择合适的喷涂参数。

（3）基体表面清洗。用丙酮或酒精清洗基体表面油污。

（4）基体表面粗化。对基体表面进行喷砂处理。

（5）粉末进送粉器。将事先准备好的粉末装进送粉器中。

（6）调试喷涂程序。将处理好的试样装在夹具上，调试机器人程序，准备喷涂。

（7）等离子喷涂。先用等离子枪预热基体，然后送粉，喷涂。

（8）涂层后处理。一般包括精加工、重熔、封孔处理等。

（9）涂层性能测试。一般包括结合强度、孔隙率、硬度、抗热震性能、耐磨性等。

五、实验注意事项

（1）喷涂前粉末要进行烘干，一般在 100℃ 以上烘干 1h 左右。

（2）喷砂时要先打开喷砂机的电源，然后再开压缩空气，喷砂枪与试样表面不小于 60°，以免砂粒嵌入试样表面。

（3）装粉末和送粉测试时一定要有口罩防护。

（4）调试程序时一定不要进入机器手臂的作业半径，以免受伤。

（5）等离子喷涂枪点燃前一定要注意操作间大门已经关闭，各项措施到位。

（6）等离子喷涂过程中及喷涂完毕后要严格按照控制柜上的操作流程进行，并小心弧光辐射。

六、实验结果整理与分析

整理实验结果，填入表 6-5 中，分析表中的数据。

表 6-5　实验结果记录

序号	喷涂材料	工艺参数				外观	涂层形貌	备注
		电压 /V	电流 /A	气体流量 /min^{-1}	扫描速度 /cm·s^{-1}			
1	AT40	61	550	氩气：32	50			
2	AT40	61	550	氢气：8	50			

注：AT40 为 40% 的 Al_2O_3 和 60% 的 TiO_2 混合物。

七、思考题

（1）等离子喷涂设备采用的是交流还是直流电源？

（2）等离子喷涂采用的基体可以是非金属吗？

（3）等离子工件（基体）喷涂前为什么要进行喷砂等粗化处理？

（4）等离子喷涂与喷涂基体的结合是冶金结合还是机械结合？

实验 6-6　四探针法测电阻率

一、实验目的

（1）了解四探针法测量半导体材料电阻的基本原理。
（2）掌握四探针法测量半导体材料电阻的测量方法。
（3）掌握四探针法测量的半导体电阻的换算。
（4）了解和控制各种影响测量结果的不利因素。

二、实验材料及设备

（1）四探针测试仪。
（2）CN61M/KDY-4 型电阻率测试仪。
（3）KD 型四探针测试架（探针间距 $s=1\text{mm}$）。
（4）半导体材料。
（5）镊子。
（6）酒精。

三、实验原理

在半导体器件的研制和生产过程中常常要对半导体单晶材料的原始电阻率和经过扩散、外延等工艺处理后的薄层电阻进行测量。测量电阻率的方法很多，有两探针法、四探针法、单探针扩展电阻法、范德堡法等。四探针法操作简便，适于批量生产，目前得到了广泛应用。

所谓四探针法，就是用针间距约 1mm 的四根金属探针同时压在被测样品的平整表面上，如图 6-13 所示。利用恒流源给 1、4 两个探针通以小电流，然后在 2、3 两个探针上用高输入阻抗的静电计、电位差计、电子毫伏计或数字电压表测量电压，最后根据理论公式计算出样品的电阻率：

$$\rho = C\frac{V_{23}}{I}$$

式中，C 为四探针的修正系数，单位为 cm，C 的大小取决于四探针的排列方法和针距，探针的位置和间距确定以后，探针系数 C 就是一个常数；V_{23} 为 2、3 两探针之间的电压，单位为 V；I 为通过样品的电流，单位为 A。

半导体材料的体电阻率和薄层电阻率的测量结果往往与式样的形状和尺寸密切相关，下面分两种情况来进行讨论。

（一）半无限大样品

图 6-14 给出了四探针法测半无穷大样品电阻率的原理图，图 6-14 中（a）为四探针测量电阻率的装置；（b）为半无穷大样品上探针电流的分布及等势面图形；（c）和（d）分别为正方形排列及直线排列的四探针图形。因为四探针对半导体表面的接触均为点接

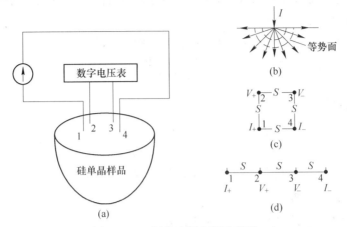

图 6-14　四探针法测电阻示意图

触，所以，对图 6-14（b）所示的半无穷大样品，电流 I 是以探针尖为圆心呈径向放射状流入体内的。因而电流在体内所形成的等位面为图中虚线所示的半球面。于是，样品电阻率为 ρ，半径为 r，间距为 dr 的两个半球等位面间的电阻为：

$$dR = \frac{\rho}{2\pi r^2}dr$$

它们之间的电位差为：

$$dV = IdR = \frac{\rho I}{2\pi r^2}dr$$

考虑样品为半无限大，在 $r \to \infty$ 处的电位为 0，所以图 6-14（a）中流经探针 1 的电流 I 在 r 点形成的电位为：

$$(V_r)_1 = \int_r^\infty \frac{\rho I}{2\pi r^2}dr = \frac{\rho I}{2\pi r}$$

流经探针 1 的电流在 2、3 两探针间形成的电位差为：

$$(V_{23})_1 = \frac{\rho I}{2\pi}\left(\frac{1}{r_{12}} - \frac{1}{r_{13}}\right)$$

流经探针 4 的电流与流经探针 1 的电流方向相反，所以流经探针 4 的电流 I 在探针 2、3 之间引起的电位差为：

$$(V_{23})_4 = \frac{\rho I}{2\pi}\left(\frac{1}{r_{42}} - \frac{1}{r_{43}}\right)$$

于是流经探针 1、4 之间的电流在探针 2、3 之间形成的电位差为：

$$V_{23} = \frac{\rho I}{2\pi}\left(\frac{1}{r_{12}} - \frac{1}{r_{13}} - \frac{1}{r_{42}} + \frac{1}{r_{43}}\right)$$

由此可得样品的电阻率为：

$$\rho = \frac{2\pi V_{23}}{I}\left(\frac{1}{r_{12}} - \frac{1}{r_{13}} - \frac{1}{r_{42}} + \frac{1}{r_{43}}\right)^{-1}$$

上式就是四探针法测半无限大样品电阻率的普遍公式。

在采用四探针测量电阻率时通常使用图 6-14（c）的正方形结构（简称方形结构）和

图 6-14（d）的等间距直线形结构，假设方形四探针和直线四探针的探针间距均为 S，则对于直线四探针有：

$$r_{12} = r_{43} = S, \ r_{13} = r_{42} = 2S$$

$$\rho = 2\pi S \cdot \frac{V_{23}}{I}$$

对于方形四探针有：

$$r_{12} = r_{43} = S, \ r_{13} = r_{42} = \sqrt{2}S$$

$$\rho = \frac{2\pi S}{2 - \sqrt{2}} \cdot \frac{V_{23}}{I}$$

（二）无限薄层样品

当样品的横向尺寸无限大，而其厚度 t 又比探针间距 S 小得多的时候，我们称这种样品为无限薄层样品。图 6-15 给出了用四探针测量无限薄层样品电阻率的示意图。

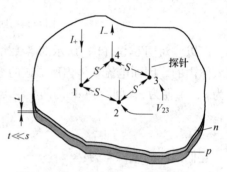

图中被测样品为在 p 型半导体衬底上扩散有 n 型薄层的无限大硅单晶薄片，1、2、3、4 为四个探针在硅片表面的接触点，探针间距为 S，n 型扩散薄层的厚度为 t，并且 $t \ll S$，I_+ 表示电流从探针 1 流入硅片，I_- 表示电流从探针 4 流出硅片。与半无限大样品不同的是，这里

图 6-15　无限薄层样品电阻率的测量

探针电流在 n 型薄层内近似为平面放射状，其等位面可近似为圆柱面。类似前面的分析，对于任意排列的四探针，探针 1 的电流 I 在样品中 r 处形成的电位为：

$$(V_r)_1 = \int_r^\infty \frac{\rho I}{2\pi r t} \mathrm{d}r = -\frac{\rho I}{2\pi t}\ln r$$

式中，ρ 为 n 型薄层的平均电阻率。于是探针 1 的电流 I 在 2、3 探针间所引起的电位差为：

$$(V_{23})_1 = -\frac{\rho I}{2\pi t}\ln\frac{r_{12}}{r_{13}} = \frac{\rho I}{2\pi t}\ln\frac{r_{13}}{r_{12}}$$

同理，探针 4 的电流 I 在 2、3 探针间所引起的电位差为：

$$(V_{23})_4 = \frac{\rho I}{2\pi t}\ln\frac{r_{42}}{r_{43}}$$

所以，探针 1 和探针 4 的电流 I 在 2、3 探针之间所引起的电位差是：

$$V_{23} = \frac{\rho I}{2\pi t}\ln\frac{r_{42} \cdot r_{13}}{r_{43} \cdot r_{12}}$$

于是得到四探针法测无限薄层样品电阻率的普遍公式为：

$$\rho = \frac{2\pi t V_{23}}{I} \bigg/ \ln\frac{r_{42} \cdot r_{13}}{r_{43} \cdot r_{12}}$$

对于直线四探针，利用 $r_{12} = r_{43} = S$，$r_{13} = r_{42} = 2S$ 可得：

$$\rho = \frac{2\pi t V_{23}}{I} \bigg/ 2\ln2 = \frac{\pi t}{\ln2} \cdot \frac{V_{23}}{I}$$

对于方形四探针，利用 $r_{12} = r_{43} = S$，$r_{13} = r_{42} = \sqrt{2}S$ 可得：

$$\rho = \frac{2\pi t}{\ln2} \cdot \frac{V_{23}}{I}$$

在对半导体扩散薄层的实际测量中常常采用与扩散层杂质总量有关的方块电阻 R_{S}，它与扩散薄层电阻率有如下关系：

$$R_{\mathrm{S}} = \frac{\rho}{X_j} = \frac{1}{q\mu \int_0^{X_j} N \mathrm{d}X} = \frac{1}{q\mu N X_j}$$

这里 X_j 为扩散所形成的 PN 结的结深。这样对于无限薄层样品，方块电阻可以表示如下：

直线四探针：

$$R_{\mathrm{S}} = \frac{\rho}{X_j} = \frac{\pi}{\ln2} \frac{V_{23}}{I}$$

方形四探针：

$$R_{\mathrm{S}} = \frac{\rho}{X_j} = \frac{2\pi}{\ln2} \frac{V_{23}}{I}$$

四、实验内容、方法及步骤

（1）实验内容。

1）硅单晶片电阻率的测量。选不同电阻率及不同厚度的大单晶圆片，改变条件（光照与否），对测量结果进行比较。

2）薄层电阻率的测量。对不同尺寸的单面扩散片和双面扩散片的薄层电阻率进行测量。改变条件进行测量（与 1）相同），对结果进行比较。

（2）实验操作。

1）打开四探针测试仪背后电源，预热 30min。

2）按下操作面板中"恒流源"按钮，选择"10mA""电阻率""正测"测试挡。

3）将样片放在测试架台上，尽量避免沾污样品表面。

4）缓慢下放测试架使探针轻按在样片上，听到测试仪内部发出的"咔"声，电流表、电压表有示数即可，注意下放速度避免压碎样片。

5）查找样片厚度对应的电流表示数（见附件），并根据此数据调节"粗调""细调"旋钮，按"电流选择"键直至电压表示数中从首位不为 0 起有 3 位数字，记录此时数据即电阻率值。

6）选择"方块电阻"挡，调节"粗调""细调"旋钮使电流表示数为"453"，按"电流选择"键直至电压表示数中从首位不为 0 起有 3 位数字，记录此时数据即方块电阻值。

7）测试完后将探针上移，并用保护套保护探针。

8）用完后关电源。

五、实验注意事项

（1）一般注意事项。

1）半无限大样品是指样品厚度及任意一根探针距样品最近边界的距离远大于探针间距，如果这一条件不能得到满足，则必须进行修正。

2）为了避免探针处的少数载流子注入，提高表面复合速度，待测样品的表面需经砂打磨或喷砂处理。

3）在测量高阻材料及光敏材料时，需在暗室或屏蔽盒内进行。

4）因为电场太大会使载流子的迁移率下降，导致电阻率测量值增大，故须在电场强度 $E<1\text{V/cm}$ 的弱场下进行测量。

5）为了避免大电流下的热效应，测试电流应尽可能低，但须保证电压的测试精度。不同电阻率样品的电流选择大致为：

电阻率/$\Omega \cdot$ cm	测量电流/mA
<0.012	100
0.08~0.6	10
0.4~60	1
40~1200	0.1
>800	0.01

6）为了满足探针与半导体的接触为欧姆接触，探针上须加上一定的压力。对于体材料，一般取 1~2kg；对于薄层材料或外延材料选取 200g。

7）当室温有较大波动时，最好将电阻率折算到 23℃时的电阻率。因为半导体的电阻率对温度很敏感。如果有必要考虑温度对电阻率的影响，可用下面的公式进行计算：

$$\rho_{参考} = \rho_{平均}[1 - C_T(T - T_{参考})]$$

式中，$\rho_{参考}$ 为修正到某一参考温度（例如 23℃）下的样品电阻率；$\rho_{平均}$ 为测试温度下样品的平均电阻率；C_T 为温度系数，它随电阻率变化的曲线，如图 6-16 所示；T 为测试温度；$T_{参考}$ 为某一指定的参考温度。

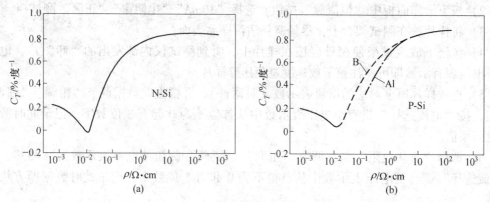

图 6-16　N-Si（a）和 P-Si（b）的电阻率温度系数随电阻率的变化

(a) $\rho/\Omega \cdot$ cm；(b) $\rho/\Omega \cdot$ cm

（2）测量过程中的注意事项。

1）仪器接通电源，至少预热 15min 才能进行测量。

2）仪器如经过剧烈的环境变化或长期不使用，在首次使用时应通电预热 2~3h，方可进行测量。

3）在测量过程中，应注意电源电压不要超过仪器的过载允许值。

4）切记保护好探针。

六、实验结果整理与分析

（1）不同尺寸硅片的电阻率和方阻。

（2）不同扩散工艺硅片的电阻率和方阻。

（3）光照对半导体材料的影响。

（4）对实验结果进行讨论。

七、思考题

（1）样品尺寸对硅片的方阻有无影响，为什么？

（2）方块电阻和掺杂浓度有何关系？

（3）光照如何影响材料的电阻率，为什么？

（4）能否用四探针法测量 n/n+外延片及 p/p+外延片外延层的电阻率和方块电阻？

（5）能否用四探针法测量 n/p 外延片外延层的电阻率和方块电阻？

参 考 文 献

[1] 杜长华，陈方. 电子微连接技术与材料 [M]. 北京：机械工业出版社，2008.

[2] 潘江桥，周德祥. 航天电子互连技术 [M]. 北京：中国宇航出版社，2015.

[3] 王海燕. BGA 无铅焊点界面演化及可靠性研究 [D]. 广州：华南理工大学，2011.

[4] 吴懿平，丁汉. 电子制造技术基础 [M]. 北京：机械工业出版社，2006.

[5] 陈玉华，孙国栋. 焊接技术与工程专业实验教程 [M]. 北京：航空工业出版社，2016.

[6] 施敏. 半导体制造技术 [M]. 合肥：安徽大学出版社，2007.

[7] 赵毅强，姚素英. 半导体物理与器件 [M]. 北京：电子工业出版社，2005.

[8] 王福亮，韩雷，钟掘. 超声功率对引线键合强度的影响 [J]. 机械工程学报，2007，43（3）：107~111.

[9] 吴兆华，周德剑. 电路模块表面组装技术 [M]. 北京：人民邮电出版社，2008.

[10] 田艳红，王春青. 电子封装技术研究与教育机构十年发展 [J]. 电子工业专用设备，2013（217）：13，14，16.

[11] 黄华，都东，常保华. 铜丝引线键合技术的发展 [J]. 焊接，2008（12）：15~20.

[12] 张倩. 封装形式对电子元器件长期储存可靠性研究 [J]. 电子元件与材料，2017，36（6）：99~104.

[13] 李晓延，严永长. 电子封装焊点可靠性及寿命预测方法 [J]. 机械强度，2005，27（4）：470~479.

[14] 贾克明，王丽凤，张世勇. 剪切载荷下 BGA 单板结构与板级结构焊点尺寸效应 [J]. 焊接学报，2018，39（6）：67~71.

[15] 谷柏松，孟工戈，孙凤莲. Sn-3.0Ag-0.5Cu/Ni/Cu 微焊点剪切强度与断口的研究 [J]. 电子器件与材料，2013，32（3）：70~73.

[16] 张亮，Tu K N，孙磊. Sn-0.3Ag-0.7Cu-xSb 无铅钎料润湿性 [J]. 焊接学报，2015，36（1）：59~64.

[17] 张杨波，唐昭焕，任芳. 一种可集成高密度氮氧化硅介质工艺 [J]. 微电子学，2017，47（1）：122~126.

[18] 李能贵. 电子元器件的可靠性 [M]. 西安：西安交通大学出版社，1990.

[19] 张乐锋. 试样模拟电路设计 [M]. 北京：人民邮电出版社，2009.

[20] 张文典. 实用表面组装技术 [M]. 北京：电子工业出版社，2002.

[21] 毕克允，等. 微电子封装技术 [M]. 合肥：中国科学技术大学出版社，2003.